本书得到如下课题的资助和支持：
国家自然科学基金重点课题(No：71333010)
上海市政府咨询课题(No：2016-GR-08)
上海市科委重点课题(No：066921082)
上海市政府重点课题(No：2016-A-77)
上海交通大学安泰经济与管理学院出版基金

城市生态品质提升研究

——基于上海市低碳发展的视角

范纯增　著

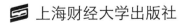 上海财经大学出版社

图书在版编目(CIP)数据

城市生态品质提升研究:基于上海市低碳发展的视
角/范纯增著.—上海:上海财经大学出版社,2024.1
ISBN 978-7-5642-3306-8/F·3306

Ⅰ.①城… Ⅱ.①范… Ⅲ.①城市环境—生态环境建
设—研究—上海 Ⅳ.①X321.251

中国版本图书馆 CIP 数据核字(2019)第 142833 号

□ 责任编辑 刘光本
□ 封面设计 张克瑶

城市生态品质提升研究
——基于上海市低碳发展的视角

范纯增 著

上海财经大学出版社出版发行
(上海市中山北一路 369 号 邮编 200083)
网 址:http://www.sufep.com
电子邮箱:webmaster@sufep.com
全国新华书店经销
苏州市越洋印刷有限公司印刷装订
2024 年 1 月第 1 版 2024 年 1 月第 1 次印刷

710mm×1000mm 1/16 12.75 印张(插页:2) 201 千字
定价:69.00 元

内容提要

　　随着社会经济的发展，提升生态品质已成为城市尤其是大都市生态环境发展和管理的新趋势、新目标。以低碳发展提升生态品质可以将地方近期的生态改进实践与长期的战略目标有机结合，更能细致体现政策的效能、居民参与度和居民对生态品质的切实感知和认可程度。本书基于文献的简要梳理，剖析、辨识了生态品质的内涵，分析、评价了低碳发展对城市生态品质的影响因素，构建了评价低碳城市发展的模型，以上海为例探讨了低碳发展与生态品质变化的关系，提出了上海生态品质提升的目标，同时借鉴国际经验分析了上海促进生态品质提升的条件，并提出了相关对策和建议。

　　本书可作为城市经济、生态经济等领域高校师生、科技工作者及相关领域的实践与管理人员的参考用书。

前 言

一

　　人类活动排放的温室气体正在持续改变大气层的自然结构,导致气候变暖。这将带来全球范围内海平面上升、极端天气增多、雨带移动、既有生物链和食物链破坏、生物多样性受到威胁的严重后果,进而危及人类生存。二氧化碳是主要的温室气体,而化石燃料的燃烧被认为是温室气体排放的主要来源。城市消费了全球大部分的化石能源,自然也是温室气体的主要排放地(李平,2010)。[①]

　　在中国,城市消费了84％的商业能源,产生了85％的与能源相关的二氧化碳(CO_2)排放(许宪硕,2015)[②],以至于高碳经济成为当前中国诸多城市发展的基本特征。高碳经济产生的高排放首先表现为大量释放二氧化碳,还伴排二氧化硫、氮氧化物、甲烷、氟化烃等气态污染物、水污染物和固体污染物等。这在逐步从"长、大"的时空影响全球生态环境的同时,更直接、快速地导致了地方或城市环境的污染和生态的破坏,以致生态品质下降,危及广大居民的生态福利。随着城市居民收入水平的不断提高,对城市生态质量和生态品质的要求也日趋提高,而当

---

①　李平.低碳城市建设的国际经验借鉴[J].商业时代,2010(35):121—122.
②　许宪硕.我国能源相关温室气体排放影响因素及归因分析研究[D].天津大学博士学位论文,2015.

前大多数城市的生态系统却无法满足城市居民日益增长的对生态品质的需求。到 2030 年,中国还会有三四亿人进入城市,碳排放仍有向城市集中的趋势,既有城市将面临不断增大的生态压力。

当然,城市又是低碳技术、人才和资本的集聚区,在二氧化碳减排、低碳经济发展等方面具有巨大的潜力,也应是二氧化碳的重要减排者。自 20 世纪末期以来,有许多大都市制定了减排清单并发布了行动计划,对消减 CO_2 持积极态度。如 1998 年以来,伯克利、渥太华、牛津、墨尔本、西雅图、仰光、匹斯堡、多伦多、东京、新加坡等国际大都市分别宣布建设低碳城市;2008 年以来中国的低碳城市建设也由中国建设部与世界自然基金会发起,并以上海和保定为试点(陈一峰等,2011)。[1] 迄今,国内已有很多城市宣布加入低碳城市建设行列,但与发达国家的一些城市相比仍有差距。

从中国经济建设和发展战略来看,党的十七大报告首次提出“生态文明”的概念,并将“生态环境保护”列入“促进国民经济又好又快发展”的宏观调控体系。党的十八大再次重申“生态文明”,并将“生态文明建设”列入我国经济社会发展“五位一体”的总体布局,生态建设与生态品质提升的目标更为明确。党的十八届五中全会明确提出了以创新、协调、绿色、开放、共享五大发展理念引领我国阔步迈向“两个一百年”的奋斗目标。党的十九大重新提出了“生态文明”的理念与战略,并将生态文明建设首次列入我国五年规划。国家“十三五”规划首次提出“绿色”的发展理念,把生态文明建设作为我国经济社会发展的要义。可见,生态化、绿色化发展已成为中国城市发展的必然选择。

作为国际性的大都市,上海在“上海城市总体规划(2017—2035)”中明确提出要建设“全球卓越的生态之城”。要达到这样的目标,减排二氧化碳及各种污染物,增加生态容量,建设生态网络,改善生态景观的可及性和观瞻性,不断提升上海生态品质,满足居民日益增长的对生态品的需求,是重中之重。

上海当前依然处于高碳经济发展阶段,面临诸多生态难题需要解决:环境改善缓慢,雾霾等大气污染、水污染、固体废物等亟待有效控制;生态赤字仍在继续扩大;国际大都市进展中社会经济的发展与环境品质失配,一些生态问题危及市

---

①　陈一峰,覃力,郭晋生,周静敏,开彦. 低碳居住低碳生活[J]. 城市建筑,2011(1):6—9.

民健康;注重环境生态治理末端,源头治理和过程治理不足;环境治理效率亟待提高。

迄今,关于城市低碳发展的研究主要集中在城市温室气体的减排(或排放)估算和减排政策方面。这些研究主要从控制全球暖化的视角,也可看作一种"由远及近"的视角展开研究,更多考虑的是为减排 GHG 而低碳化,为"远、大"的目标而建设低碳城市,并没有充分考虑碳减排的巨大溢出效应,也没有以城市低碳化发展提升城市本身生态品质为核心开展深入研究,这加重了低碳经济的宏观外部性,减弱了对近期的激励,也使城市减排的实践效率低下。

要改变这种情况,就需要以低碳发展改善城市自身的生态品质为核心,注重"由近及远"的低碳发展思路,进而促进全球 GHG 控制的研究。这是因为低碳福利的空间分布主要表现为"由近微及远大",若以"由近及远"的研究和实践为核心,会一定程度上减弱低碳经济的外部性效应,放大低碳化的正向生态外溢功能,并具有实践价值及激励与动力效应。而且,这样的低碳实践活动还有利于将城市生态经济和可持续发展密切结合,使政策更有可行性、确定性和有效性。

总体而言,迄今有关城市生态品质提升的研究严重不足。本书将以上海这座典型的国际大都市为例,研究其低碳发展下的生态品质提升,具有较好的时效性及创新价值和实践意义。

二

低碳发展是指将基于当前高能源投入、高碳排放的经济模式,转变为以更少的能源投入和更少的碳排放来获得经济发展。而减少碳排放的基本途径是减少碳源,通过技术创新、工艺流程改造、产业结构调整和清洁能源替代等方式减少化石能源投入及重碳型原材料投入,减少生产过程的能耗及相关碳排放,并在产业链的末端通过碳捕捉等措施减少整个产业链中的总体碳排放。此外,还可以加大碳汇能力建设,包括增加农林碳汇功能,增加土壤、湿地、草地、林地的储碳功能。

日常生产、生活中,人们常用环境质量与生态质量衡量生态或环境状态。环境质量是指在一个具体的环境中,环境的总体或环境的某些要素对人群的生存和繁衍以及社会、经济发展的适宜程度,是反映人群的具体要求而形成的对环境评定的概念(袁文平,2010)。① 环境质量是"环境系统客观存在的一种本质属性",是可以用定性和定量的方法加以描述的环境系统所处的状态(胡辉等,2021)。② 从20世纪60年代开始,随着环境问题的出现,人们常用环境质量的好坏来表示环境遭受污染的程度,衍生出一些新的概念。例如,对环境污染程度的评价叫做环境质量评价,对环境质量进行评价的指数被称为环境质量指数。它们是根据国家环境法规、环境标准而标度的环境水平,是对具体区域环境度量的描述。也就是说,环境质量评价或环境质量指数必须以国际、国家环境标准为依据,度量主要环境指标达到国际或国家标准的程度(钱俊生,2004)。③

生态质量是在国际、国内生态法律法规框架下,参照生态系统的特征、健康性及相关标准,对具体生态系统的状态、水平的标度、比较与衡量,它是包括生态环境、生态系统服务功能在内的综合质量概念,是质和量的统一体。"自我维持的自然生态系统需要一定的地域面积和生物多样性水平,这些条件一旦被破坏,系统就无法自我维持,曾经无偿提供的生态系统服务功能将不得不通过人为管理来获得。"(周亚萍等,2001)④所以,生态质量相对于环境质量而言更加具有生物学的特点,它关注的是生态系统的长期健康性(可以把人看作生态系统的一部分),而环境质量往往关注的是影响人类当前和可预见的未来的环境与条件以及人类对它的影响,更加适合应用于中短期的社会决策。

无论是环境质量还是生态质量都无法科学刻画生态的细致特性,因此生态品质概念应运而生。

生态品质是在生态质量判断下对生态环境的特色描述和质量的个性化的、深刻的、细腻的刻画。生态品质可以看作对生态质量标准这一核心的偏离,其中细致化、宜人化是其本质特征。良好的生态品质在符合生态质量标准的同时,更加均衡,更加适合居民的需求。生态品质的提高依赖于生态系统的健康和生态服务功能的不断提高,需要人口和经济活动密集的城市改变既有的高碳发展模式。

有鉴于此,面向未来的长远目标,基于"由近及远"的绿色发展和生态优化视

① 袁文平.经济增长方式转变机制论[M].成都:西南财经大学出版社,2000:386.
② 胡辉,谢静,吴旭.环境影响评价方法与实践[M].武汉:华中科技大学出版社,2021:1.
③ 钱俊生.科技新概念[M].北京:中共中央党校出版社,2004:4—5.
④ 周亚萍,安树青.生态质量与生态系统服务功能[J].生态科学,2001(1):85—90.

角,研究通过低碳发展提升生态品质,不仅具有近期的实践价值,而且具有长远的战略价值。基于这一考虑,本书在概要梳理相关文献基础上,阐述了城市低碳发展促进生态品质提升的机理,并以上海为例分析了以低碳发展为核心提升生态品质的战略与对策。

三

随着社会经济的发展,提升生态品质管理已成为继控制污染、环境质量管理、生态质量管理之后更加体现以人为本、与时俱进的新趋势。以低碳发展降低污染,治理污染,修复破坏的生态系统,增强生态系统的功能,提升生态品质,具有坚实的内在逻辑。如果地方能将近期的生态改善实践与长期的战略目标有机结合,则更能细致地体现政策的可观察性效能、居民的参与度和居民对生态品质的切实感知和认可程度。本书从以下九个方面对以低碳发展为核心来提升城市生态品质做了研究。

第一部分,简要阐述本书的目的意义,对相关文献进行梳理与分析,指出本书的创新之处。

第二部分,通过对生态质量、环境质量与生态品质等概念进行辨识,明确了生态品质的概念。低碳发展是通过以更少的能源投入和碳排放来促进经济发展的新模式。低碳发展中的更"高级版本"应本着优化生态系统的原则,重视碳减排和碳汇能力建设,进而提高生态品质。低碳发展对生态质量和生态品质的影响存在差异化。加快低碳发展,促进生态品质提高,是社会经济发展的阶段性要求,是"新时代"的必然选择。

第三部分,基于对城市低碳发展的影响维度、变化及其对生态品质影响的效应的理论探讨,全面地分析了碳排放对上海生态品质的影响,指出:上海高碳经济是造成上海水生态、大气生态、农业及土地生态品质下降的主因,对居民福利形成了强烈的负面影响。

第四部分,基于对上海碳排放的动力、结构变化的度量及弹性计算,分析了碳排放对上海生态品质的异质性影响,发现:电力、交通等部门碳排放的高速增长,是实现低碳发展、提升生态品质的重要障碍;经济规模、人口规模、能源转换规模等是促使上海生态品质下降的一贯动因;能源密度、能源结构、城乡居民结构等是改善生态品质的持续动力;经济结构、能源转换结构等对生态品质的影响具有非一致的同向性;加强技术创新、改善能源结构是持续提升上海生态品质的根本动力源泉;碳汇的增加对大气污染物的减降效应及其延伸的生态品质提升效应远远大于二氧化碳的减排效应,因此在注重碳减排的同时,大力发展碳汇能力,将是今后低碳发展和提升生态品质的重要着力点。

第五部分,基于对上海低碳发展的实践考察,提出了城市生态品质衡量方法,并对上海 1990—2015 年的生态品质进行了度量,得出以下结论:上海碳排放逐步增加,主要原因在于化石能源消费;上海碳汇总量虽然在不断增长,但增加幅度远远小于碳排放的增长,且碳汇主要来源于农业及林地、绿地、湿地;上海环境指标改善明显,但生态品质变化不大,改善有限;以低碳发展提升生态品质需要避免唯生态治理的"国标达标"思路,要响应居民感受下的"民标"诉求,使生态品质的衡量同时执行"国标＋民标"的双重标准,要真正体现生态治理的根本目的——满足居民日益增长的高质量的生态品和生态服务的需求。

第六部分,以全球控制温室气体减排目标为基础,提出了上海的减排责任和通向 2035 年的上海生态品质改善的目标和阶段性分解方案,以及基于碳减排责任与可持续发展框架的上海生态品质的提升机制。

第七部分,以伦敦、哥本哈根、纽约和东京为例,分析了推进低碳发展、促进生态品质提升的国际经验,得出以下结论:通过低碳发展促进生态品质提升是国际大都市的发展趋势,要有效推动这一进程需要以人为本,将环境管理的国家标准逐步辅以居民标准并付诸实施;要因市制宜,选择自身最优路线图;应将全球领先看作自身的必要责任,力求建设"碳中性"城市;"碳汇建设＋碳源控制"这两大支柱都需要重视;需要长期规划、明确目标,加强低碳技术支持,发挥示范效应,激发居民的深入参与;加强低碳文化行为方式转变,构建四位一体的治理结构。

第八部分,分析了上海通过低碳发展提升生态品质所存在的禀赋缺陷、瓶颈因素和有利条件,指出:目前上海的生态系统组织零散,功能退化;存在强烈的碳汇资源短板;生态福利发展不平衡;存在能源结构、产业结构同时并存的"双重"特征;低碳技术及污染治理技术创新不足,生态品质管理政策不够系统;低碳化发展提升生态品质的水平与世界城市存在明显差距;碳汇发展的成本很高;人口压力巨大;生态建设较为缓慢。

　　与此同时,上海以低碳发展推动生态品质提升也有一些有利条件,主要表现在：党的十九大生态文明建设的创新思想,为上海以低碳发展推动生态品质建设的目标注入了新动力;拥有多层次、类型多样的碳库系统优势;拥有政府的重视和积极实践;有雄厚的资本和技术;有广泛的合作网络和多重激励机制。

　　第九部分,分析了发展城市碳汇对上海生态品质提升的重要性及上海碳汇发展的战略,如农业碳汇及其战略、蓝色碳汇(海洋碳汇)及其战略,大力发展绿色碳汇战略、湿地碳汇及社会经济系统的碳汇战略等。在此基础上,进一步提出了促进低碳发展推动上海生态品质的建议。

目　录

第1章 绪 论

1.1 问题的提出

城市化是中国国家发展的重要战略。2018 年中国城市化水平已达到 59.58%(国家统计局,2019)[①]。随着城市化进程的加快,中国城市的能源使用量和碳排放量也在不断增加。据统计,中国城市消费了 75% 的能源,排放了 85% 的与能源相关的 CO_2 (Dhakal,2009)[②]。而且,这些能源的使用还排放出大量的 SO_2、$PM_{2.5}$ 等其他污染物,它们与 CO_2 一起污染环境。城市污水排放主要来自电力、炼油、冶金等高耗能行业,而城市地区的土壤污染除了工业污染外还与过量的化肥农药投入有关[③]。显然,当前的城市化和城市能源消费与碳排放是引起城市生态质量和生态品质下降的主因。

目前中国大多数城市的总体生态质量堪忧,90% 的城市空气质量超标(陈广仁等,2014)[④]。在全球十大污染城市中,中国占 7 个(Zheng et al.,2012)[⑤];2018

[①] 国家统计局. 城镇化水平不断提升城市发展阔步前进——新中国成立 70 周年经济社会发展成就系列报告之十七[R]. [EB/OL]. (2019—8—15). http://www.gov.cn/xinwen/2019—08/15/content_5421382.htm.

[②] Dhakal, S., 2009. Urban Energy Use and Carbon Emissions from Cities in China and Policy Implications[J]. Energy Policy, 37(11), pp. 4208—4219.

[③] 中国环境年鉴编辑委员会. 中国环境年鉴[M]. 北京:中国环境出版社,2017:110—120.

[④] 陈广仁,祝叶华. 城市空气污染的治理[J]. 科技导报,2014(32):15—22.

[⑤] Zhang, Q., Crooks, R., 2012. Toward an Environmentally Sustainable Future: Country Environmental Analysis of the People's Republic of China[M]. Mandaluyong City, Philippines: Asian Development Bank.

年全国 338 个地级及以上城市中，仅 121 个城市环境空气质量达标，占全部城市数量的 35.8%，尽管比 2017 年上升了 6.5 个百分点，但仍然有 217 个城市的环境空气质量超标，占 64.2%(中华人民共和国环保部，2019)[1]；同年，这 338 个城市发生重度污染 1 899 天，尽管比 2017 年减少了 412 天，但严重污染达 822 天，比 2017 年增加了 20 天，其中以 $PM_{2.5}$ 为首要污染物的天数占重度及以上污染天数的 60.0%，以 PM_{10} 为首要污染物的天数占重度及以上污染天数的 37.2%，以 O_3 为首要污染物的天数占重度及以上污染天数的 3.6%(中华人民共和国环保部，2019)[2]。

同时，61.3% 的地下水和 35.5% 的地表水受到严重污染，城区尤其严重(中华人民共和国环保部，2016)[3]。2018 年全国 10 168 个国家级地下水水质监测点中，Ⅰ类水质监测点占 1.9%，Ⅱ类水质监测点占 9.0%，Ⅲ类占水质监测点占 2.9%，Ⅳ类水质监测点占 70.7%，Ⅴ类水质监测点占 15.5%(中华人民共和国环保部，2019)[4]。

所有这些表明，城区面临的不再仅仅是一个环境问题，而是生态循环被打破、生态系统被破坏的生态问题，它日益危及居民生活、健康和经济可持续发展。城市生态质量与生态品质亟待在低碳发展中提升。

近年来，国家的生态与低碳政策正向着有利于城市以低碳发展提升生态品质的方向发展。如党的十八大将"生态文明建设"列入中国经济社会发展"五位一体"的总体布局，党的十八届五中全会提出创新、绿色等五大发展理念。国家"十三五"规划提出了"绿色"发展的理念，并把生态文明建设付诸实践。2016 年底国家出台了《生态文明建设目标评价考核办法》，将资源利用、环境治理、环境质量、生态保护、增长质量、绿色生活、公众满意程度等纳入考核体系，核心是生态品质提升水平的评价，它超越了环境质量和污染控制思路，将生态文明建设和生态品

[1]　中华人民共和国环保部. 2018 中国生态环境状况公报. [EB/OL]. (2019—5—31). http://www. mee. gov. cn/hjzl/zghjzkgb/lnzghjzkgb/201905/P020190619587632630618. pdf.

[2]　中华人民共和国环保部. 2018 中国生态环境状况公报[EB/OL]. (2019—5—31). http://www. mee. gov. cn/hjzl/zghjzkgb/lnzghjzkgb/201905/P020190619587632630618. pdf.

[3]　中华人民共和国环保部. 2016 中国环境状况公报[EB/OL]. (2017—05—31). http://www. mee. gov. cn/hjzl/zghjzkgb/lnzghjzkgb/201706/P020170605833655914077. pdf.

[4]　中华人民共和国环保部. 2018 中国生态环境状况公报[EB/OL]. (2019—5—31). http://www. mee. gov. cn/hjzl/zghjzkgb/lnzghjzkgb/201905/P020190619587632630618. pdf.

质提升置于新的发展轨道上。党的十九大明确提出,中国建设的现代化是人与自然和谐的现代化,要提供更多的生态品满足人民日益增长的优美环境生态的需求,为此需要"推进产业结构、空间结构、能源结构、消费方式的绿色转型",需要实行严格的环境生态保护制度,推动山河湖海林草系统的综合治理,高效保护好森林、草原、湿地、湖泊、河流、海洋等多样化生态品的资源系统,要推进能源生产和消费的革命,构建清洁低碳、安全高效的能源体系,要推动消费方式的绿色转型,推动绿色低碳的生活方式。

面向全球,中国政府日益重视低碳发展。如2012年中国向国际社会承诺,到2020年单位GDP的CO_2排放在1990年的基础上消减40%～45%。2014年中国在《中美气候变化联合声明》中表示,到2030年CO_2排放达到峰值。国家《能源发展"十三五"规划》则提出,2020年比2015年单位GDP的CO_2排放下降18%。

在此背景下,城市作为重要的碳排放者,拥有雄厚的低碳技术、资本和人才,是最重要的碳减排主体(Pamlin, et al., 2009)[①],自然也是低碳发展和提升生态品质战略的主要践行者。以城市低碳发展提升生态品质具有坚实的内在逻辑。保护好生态资源,促进绿色低碳生产生活方式的普及,是为全体居民持续提升生态品质的基础,更是提升城市生态品质的关键。

城市低碳发展会减少化石能源消费,限制高耗能、高污染产业增长,降低"三废"的排量,是改善城市生态质量的重要渠道,也是改善全国生态质量的关键,更是城市生态品质提升的"抓手"。以低碳发展提升城市生态品质,可密切联系国际减排承诺与义务及国内城市发展,符合绿色发展的理念和政策主流导向,也契合大众的生态需求取向,且能践行供给侧改革,落实国家绿色发展战略,促进生态文明建设。因此,研究城市生态品质的提升问题,具有重要的理论与实践价值。

1.2 国内外相关研究

以低碳发展提升城市生态品质属于一个全新的课题。与其相关的研究尚不

---

① Pamlin, D., Pahlman, S., Weidman, E.. A Five-Step-Plan for A Low Carbon Urban Development. [EB/OL]. (2014—05—18). www. assets. panda. org/downloads/wwf_ericsson_5_step_plan. pdf.

多见,主要集在以下几个方面:

1.2.1　城市低碳发展

低碳发展是指用较少的碳排放实现较高的经济增长(DFID,2009)[①]。这一概念隐含的本质特征是将生态与气候变化效应融入区域发展的实践,因而为政府、企业及学界所接受,成为促进经济增长和提升生态质量的重要举措(张金萍等,2014)[②]。当今国际国内形势表明,建设低碳城市是中国城市化发展的基本方向和面临的重要任务,中国城市发展应当朝着低碳方向转型(仇保兴,2012)[③]。

目前,关于低碳城市的研究主要有三个侧重点:

(1)减少碳排放的动力因素

这方面的代表性研究成果主要有 Mohareb 等(2014)[④]、Lind 等(2017)[⑤]和 Alhorr 等(2014)[⑥]发表的论文。他们认为,城市要减少 CO_2 排放以促进自身低碳发展,需要通过加强技术创新、降低能源密度、减少化石能源消费、提升轻碳能源比重和转变居民行为等因素推动。

除此以外,中国通过低碳城市试点计划,旨在将国家目标与地方倡议相结合,鼓励政策创新,进而推进低碳转型。基于此,有学者把地方政府的政策创新视为减少碳排放的动力因素。如 Tie 等(2020)[⑦]基于从低碳试点城市收集的调查数据,从领导地位、领导参与度和领导关注度三个维度探讨了地方政府领导层对政策创新的影响力,并使用 Heckman 选择模型实证分析了影响这些政策创新的因

---

① Mulugetta, Y., Urban, F., 2010. Deliberating on Low Carbon Development[J]. Energy Policy, pp. 7546—7549.

② 张金萍.中国低碳发展的类型及空间分异[J].资源科学,2014(12):2491—2499.

③ 仇保兴.我国低碳生态城市建设的形势与任务[J].城市规划,2012,36(12):9—18.

④ Mohareb, E. A., Kennedy, C. A., 2014. Scenarios of Technology Adoption towards Low-carbon Cities[J]. Energy Policy, 66, pp. 685—693.

⑤ Lind, A., Espegren, K., 2017. The Use of Energy System Models for Analysing the Transition to Low-carbon Cities — The Case of Oslo[J]. Energy Strategy Reviews, 15, pp. 44—56.

⑥ Alhorr, Y., Eliskandarani, E., Elsarrag, E., 2014. Approaches to Reducing Carbon Dioxide Emissions in the Built Environment: Low carbon Cities[J]. International Journal of Sustainable Built Environment, 3, pp. 167—178.

⑦ Tie, M., Qin, M., Song, Q., Qi, Y., 2020. Why Does the Behavior of Local Government Leaders in Low-carbon City Pilots Influence Policy Innovation? [J]. Resources, Conservation & Recycling, 152, pp. 1—9.

素。其研究结果表明,在激励薄弱的条件下,地方领导在低碳试点城市的行为对政策创新有重大影响。

（2）低碳发展水平评价

评估城市低碳发展水平,识别低碳发展的短板和优势,对减少碳排放具有重要的实践价值,是识别低碳发展现状和问题的重要工具。因此,低碳发展水平评估在低碳城市发展相关研究中占有重要地位。Zhou 等（2015）①、庄贵阳（2014）②、连玉明（2012）③、Qu 等（2016）④各自构造指标体系对低碳城市的发展水平进行了评价。尽管这些研究尚未形成统一的规范,也存在明显的不足,但具有进一步深入的巨大潜力。

（3）低碳发展策略

由于减排二氧化碳及其他温室气体具有很大的外部性,完全靠市场无法实现全面的低碳发展,因此需要政府的专门政策和制度来降低外部性,或由政府的有效补贴来推动低碳化发展。Liu 等（2016）⑤、Chen 等（2013）⑥、Li 等（2017）⑦、庄贵阳等（2016）⑧、宋德勇等（2012）⑨、Yu（2014）⑩、Yang 等（2013）⑪对如何促进城市低碳发展做了探讨,认为城市低碳发展需要适宜的制度与政策保障。此外,

---

①　Zhou, N. , He, G. , Williams, C. , Fridley, D. , 2015. ELITE Cities: A Low-carbon Eco-City Evaluation Tool for China[J]. Ecological Indicators, 48, pp. 448—456.

②　庄贵阳,朱守先,袁路,谭晓军. 中国城市低碳发展水平排位及国际比较研究[J]. 中国地质大学学报(社会科学版),2014,14(2):17—23,138.

③　连玉明. 中国大城市低碳发展水平评估与实证分析[J]. 经济学家,2012,(5):44—51.

④　Qu, Y. , Liu, Y. , 2017. Evaluating the Low-carbon Development of Urban China[J]. Environment, Development and Sustainability, 19(3), pp. 939—953.

⑤　Liu, W. , Qin, B. , 2016. Low-carbon City Initiatives in China: A Review from the Policy Paradigm Perspective[J]. Cities, 51, pp. 131—138.

⑥　Chen, F. , Zhu, D. , 2013. Theoretical Research on Low-carbon City and Empirical Study of Shanghai[J]. Habitat International, 37, pp. 33—42.

⑦　Li, Z. Galvá, M. J. G. , Ravesteijn. W. , Qi, Z. , 2017. Towards Low Carbon Based Economic Development: Shanghai as a C40 City[J]. Science of the Total Environment, 576, pp. 538—548.

⑧　庄贵阳,周伟铎. 中国低碳城市试点探索全球气候治理新模式[J]. 中国环境监察,2016(8):19—21.

⑨　宋德勇,张纪录. 中国城市低碳发展的模式选择[J]. 中国人口·资源与环境,2012,22(1):15—20.

⑩　Yu, L. , 2014. Low Carbon Eco-city: New Approach for Chinese Urbanization[J]. Habitat International, 44, pp. 102—110.

⑪　Yang, L. , Li, Y. , 2013. Low-carbon City in China[J]. Sustainable Cities and Society, 9, pp. 62—66.

Jiang 等(2019)[1]的研究认为,只有有效激发居民自觉减排意念和行动,才能真正有效地支持低碳城市的发展和生态质量的提高。

　　总体而言,既有研究对城市低碳发展的动力、评价和策略研究尚不成熟,将之提高到生态系统层面并与生态品质提升密切协同还处于待研究状态。

1.2.2　城市生态质量研究

　　生态质量决定于生态系统的健康水平与服务能力(Costanza,1997)[2]。生态质量评价不仅包含对环境的评价,更是对生态系统内在结构、组织和功能的客观、全面的评价和度量。近年来,尽管相关的文献呈现出快速增加的趋势,但该领域的研究仍不充分,还未形成统一的概念和理论,且学者多将之与环境质量相混淆(周亚萍等,2001)[3]。这主要是由生态质量研究的复杂性、经济发展阶段和现实的需求所决定的(Kuznets,1955)[4]。就现有研究来看,可细分为如下两类:

　　(1)对生态质量的综合评价

　　汤榕珺等(2015)[5]、张杰(2012)[6]、黄宝荣(2008)[7]采用多指标体系对城市生态质量进行了评价;隋玉正(2013)[8]、Tian 等(2014)[9]对城市人居空间及大都市细

---

①　Jiang, X., Ding, Z., Li, X., Sun, J., Jiang, Y., Liu, R., Wang, D., Wang, Y., Sun, W., 2020. How Cultural Values and Anticipated Guilt Matter in Chinese Residents' Intention of Low Carbon Consuming Behavior[J]. Journal of Cleaner Production, 246(3), pp. 119069.1—119069.12.

②　Costanza, R., d'Arge, R., de Groot, R., Farber, S., Grasso, M., Hannon, B., Limburg, K., Naeem, S., O'Neill, R. V., Paruelo, J., Raskin, R. G., Sutton, P., van den Belt, M., 1997. The Value of the World's Ecosystem Services and Natural Capital[J]. Nature, 387, pp. 253—260.

③　周亚萍,安树青.生态质量与生态系统服务功能[J].生态科学,2001,20(1,2):85—90.

④　Kuznets, S., 1955. Economic Growth and Income Inequality[J]. Am. Econ. Rev., 45 (1), pp. 1—28.

⑤　汤榕珺,刚成诚,李建龙.苏州市吴中区生态环境质量现状定量评估与分析[J].天津农业科学, 2015,21(6):78—83.

⑥　张杰,唐斌,汪嘉杨.四川省地级市生态环境质量评价模型[J].四川环境,2012,31(1):8—11.

⑦　黄宝荣,欧阳志云,张慧智,郑华,徐卫华,王效科.1996—2005年北京城市生态质量动态[J].应用生态学报,2008(4):845—852.

⑧　隋玉正,史军,崔林丽等.上海城市人居生态质量综合评价研究[J].长江流域资源与环境,2013,22 (8):965—971.

⑨　Tian, Y., Jim, C. Y., Wang, H., 2014. Assessing the Landscape and Ecological Quality of Urban Green Spaces in a Compact City[J]. Landscape and Urban Planning, 121, pp. 97—108.

分空间的生态质量进行了评价；Xie(2017)[1]使用大数据对城市密集区的生态质量进行了评估；李素萃等(2019)[2]对城市景观生态质量进行了评估。但是，这些研究基本上属于实证类的研究，尚未形成统一、成熟的理论体系，也没有专门从低碳发展的角度作出探讨。

（2）构造简单的生态指数度量生态质量

Xu(2012)[3]使用分类差异指数、Harou(2017)[4]使用 CARLIT 指数、Baabou(2017)[5]使用生态足迹指数等，从生态学的角度对城市生态质量变化进行度量。这类研究尽管秉持了学科特征，但难以充分反映出对人类生存及生活质量有贡献的生态系统功能的变化，难以满足社会经济发展和经济政策制定者的需求。

1.2.3 城市生态品质研究

目前，直接研究城市生态品质的成果尚不多见，这里仅将较为具有代表性的成果分述如下：

（1）对城市生态品质影响因素的分析

在这类研究中，以尚勇敏最具代表性。尚勇敏[6]借助于生态网络，对城市生态品质的影响因素进行分析，并得出如下结论：环境质量、公园绿化质量、休闲观光设施、公园绿地可达性、休闲观光设施可达性、游憩频率、生态环境监督渠道等，

---

① Xie, X., Pu, L., 2017. Assessment of Urban Ecosystem Health Based on Matter Element Analysis: A Case Study of 13 Cities in Jiangsu Province, China[J]. International Journal of Environmental Research and Public Health, 14(8), pp. 940.

② 李素萃,赵艳玲,肖武,张禾裕. 巢湖流域景观生态质量时空分异评价[EB/OL]. (2019—10—25). http://kns.cnki.net/kcms/detail/11.1964.S.20191025.1205.009.html

③ Xu, M., Weissburg, M., Newell, J. P., Crittenden, J. C., 2012. Developing a Science of Infrastructure Ecology for Sustainable Urban Systems[J]. Environmental Science & Technology, 46, pp: 7928—7929.

④ Harou, A. P., Upton, J. B., Lentz, E. C., Barrett, C. B., Gómez, M. I., 2013. Tradeoffs or Synergies? Assessing Local and Regional Food Aid Procurement through Case Studies in Burkina Faso and Guatemala[J]. World Development, 49, pp. 44—57.

⑤ Baabou, W., Grunewald, N., Ouellet-Plamondon, C., Gressot, M., Galli, A., 2017. The Ecological Footprint of Mediterranean Cities: Awareness Creation and Policy Implications [J]. Environmental Science & Policy, 69, pp. 94—104.

⑥ 尚勇敏. 城市生态品质建设的居民感知与影响因素分析——基于上海市 576 份问卷调查的分析[C]. 中国特色社会主义：实践探索与理论创新——纪念改革开放四十周年(上海市社会科学界第十六届学术年会文集 2018 年).

是影响城市生态品质的重要因素。其中,绿化水准、水质量、空气质量具有网络核心地位,表明水、大气和植被在生态品质形成中最为重要(见图1—1);生物多样性的保持、生态景观的营造、水岸带的景观化和可"亲"化、绿地面积的扩展、生态公园的建设等,是提升生态品质的重要手段;增加配套游乐休闲设施,增强生态载体的可达通道和"可感知面",是开发生态品质潜力的辅助措施;移除环境污染源、修复污染环境、加强生态保护的法规制度和宣传、增加生态维护和监管力度、发动居民参与生态品质提升计划等,是提升城市生态品质所必需的其他因素。

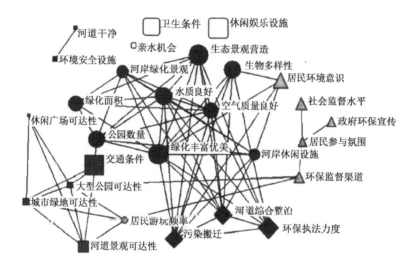

图1—1 城市生态品质建设的社会网络拓扑图

资料来源:尚勇敏.城市生态品质建设的居民感知与影响因素分析——基于上海市576份问卷调查的分析[C].中国特色社会主义:实践探索与理论创新——纪念改革开放四十周年(上海市社会科学界第十六届学术年会文集2018年).

另外,城区和郊区居民对生态品质的感知具有很大的相似性,也具有明显的差异性。对城区来说,要提升生态品质,最重要的是绿化优化、空气质量提升、河道整治水质提升、水滨带可感知面的增加等;而郊区农村生态品质的提升最重要的是水质提升、绿化面积拓展、绿化优化、河岸景观优化、环境保护执法力度增加等(见图1—2)。因此,加大城乡一体化、补长区域短板是提升城市生态品质最先需要改进的。

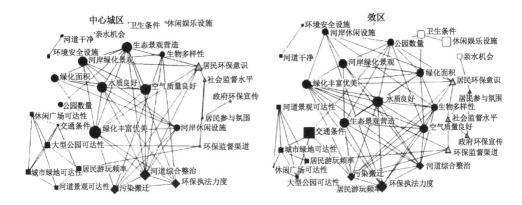

图 1—2 城—郊生态品质结构网络分析

资料来源：尚勇敏. 城市生态品质建设的居民感知与影响因素分析——基于上海市 576 份问卷调查的分析[C]. 中国特色社会主义：实践探索与理论创新——纪念改革开放四十周年（上海市社会科学界第十六届学术年会文集 2018 年）.

在《上海提升城市生态品质的总体思路与建设路径》（尚勇敏，2016）[①]一文中，尚勇敏基于上海卓越的创新之城、生态之城的战略目标，进一步提出上海城市生态品质的建设至少需要从三个维度进行描述。这里的三个维度分别是生态要素、生态空间和生态福祉。其中，生态要素主要包括本地植物指数、物种多样性指数、景观斑块连接度、地表水环境功能区水质达标率、环境空气 AQI 优良率、生活垃圾资源化利用率、生态环境及健康、教育、福利支出占 GDP 比重、新建建筑绿色标率、占全球种群数量 1‰ 以上的水鸟物种数、风景旅游区空气负氧离子浓度等指标；生态空间包括森林覆盖率、建设用地比重、基本农田规模总量、建成区绿化覆盖率、地表不透水面积比例、市域河湖水面率、生态用地（含绿化广场用地）占市域陆域面积比例、噪声达标区覆盖率、开放岸线长度占总岸线比例等；生态福祉的内容包括人均公园绿地面积、公共开放空间 5 分钟覆盖率、生态环境教育普及率、公共交通出行比重、生态环境信息公开率、城市热岛效应强度、公众对环境满意率。

在此基础上，尚勇敏提出，要想提升城市生态品质，至少需要加强如下几个方面的工作：

---

① 尚勇敏. 上海提升城市生态品质的总体思路与建设路径[J]. 科学发展，2016(6)：85—95.

首先,加强自然生态系统保护,构建自然生态要素肌理;大力建设绿地林地;加强水环境综合整治与水景营造;建设弹性海绵城市;建设绿色基础设施;改善大气环境质量;综合整治工业用地;废水废弃物循环利用。

其次,严格管控生态空间,保护生态空间载体;优化城市生态空间格局;构建三生融合的城市生活空间;将城市更新与生态品质建设有效衔接;实施分类环境整治,精准实施;建设特色小镇;建设美丽家乡;建设郊野公园;加强城市功能疏解。

最后,加快智能技术在生态品质建设中的运用;发展更加智能、绿色的交通系统;建设更加复合、绿色的建筑;建设高品质、多样化、共享可及的公园绿地;提升城市滨水公共空间品质;注重城市景观设计的文化内涵;强化城市景观设计的人文关怀。

总体而言,生态品质的提升要依赖基础的自然生态要素,也要结合现代技术。先进的技术装备可以提升生态资源的服务效率,修复破坏的生态资源/系统,维持生态资源的持续服务能力。

（2）对提升城市生态品质战略对策的研究

这类研究主要从不同的视角探讨如何提升城市的生态品质。哈思杰等(2018)[1]以武汉为例探讨了城市生态品质提升的战略对策,提出:武汉应基于国家中心城市生态品质标准及生态性、系统性、多样性、统筹性原则,以突出生态结构完善、突出绿化服务均衡、突出滨江滨湖特色为总体思路,全面统筹水体、山体、公园、道路绿化、港渠绿化等各类生态要素,兴绿惠民、均绿便民,使绿色经济与生态文明建设和谐发展并提高。

王如松等(2013)[2]从城市生态品质的内涵出发,探讨了持续增加居民生态福利的对策,认为:城市是人类社会经济和文明发展的成果,以日趋集中的经济、设施和人口为基本特征;城市消费了大部分的人类能源,排放了大量液体、固体、气体污染物,一定程度上污染了环境和破坏了生态,也带来了若干层次的危机,如在全球尺度引致生态安全和气候变暖,在区域尺度上引致资源枯竭,生态环境系统自我净化和自我修复能力减弱,对居民依赖的可持续的生态服务供给构成了巨大

---

[1]　哈思杰,韩敏,章迟.新时期城市生态品质建设规划的探索实践——以武汉市为例[J].华中建筑,2018(7):69—72.

[2]　王如松,韩宝龙.新型城市化与城市生态品质建设[J].环境保护,2013(2):13—16.

威胁;由于环境与生态系统的破坏,大气、水、土壤等一定程度上遭到污染,植被和绿地不足,形成热岛效应,无法提供给居民一个安适、放松、清洁的生态条件,造成呼吸道等环境污染加重型疾病、焦虑等心理疾病和"空调病"大量增加,大大降低了城市的集聚福利,引致生存危机。

城市生态品质至少包括如下四个方面的内涵:

① 自然生态品质,即城市自然生态系统的结构、功能、与居民需求及其变化的动态匹配水平、抗击自然灾害的能力与自我净化能力。

② 经济生态品质,即城市经济系统的结构、功能、创新力及经济效率、抵抗外来经济冲击的能力和经济发展能力等。

③ 社会生态品质,即城市文化的代际递延能力、文化创造和包容能力、公平给与生态资源和服务的能力、爱护和保护生态环境的意识和能力等。

④ 人居生态品质,即居民的居住空间与结构、居住空间与自然感知面的接触能力、居住空间对居住人群的舒适程度。

在此基础上,王如松认为,今后城市化的一个重点应该是生态品质的提升。而城市生态品质具有多维的功能特征,提升城市生态品质就是在可持续的原则下不断增加居民的生态福利。

张志东(2018)①从城市物质形态和社会形态的综合视角探讨了构建与提升城市生态品质的对策,认为低碳发展是较好地提升城市生态品质的切入点和理想入口。城市生态品质的提高需要基于持续性、充分性和平衡性原则,广泛利用社会支持,在空间重组、道路系统重组、公共基础设施布局与重组、建筑与空间的整合、居住区的管理模式等方面,提升城市的生命力、承载力、协调力和循环力。这一视角突出了实体的建筑和居住空间及社会生态,但没有充分讨论自然生态和经济生态的深刻影响。由于建筑、公共设施、道路系统等具有很强的位置固定性,挪移困难,因此其形态结构成为生态品质提升的基础构架。良好的构架必然会加速、高效提升城市的生态品质;反之亦反。

闻之(2018)②以系统规划和建设城市生态廊道为例,阐述了提升生态品质的

① 张志东. 城市既有住区生态品质提升路径与评价研究[D]. 中南林业科技大学硕士论文,2018 年.
② 闻之. 全域规划建设生态品质城市——成都打造高标准天府绿道[J]. 资源与人居环境,2018(1):67—71.

若干战略与措施。他认为,绿色廊道具有生态保障、交通慢行、疏导气流、城乡融合、休闲观光、运动健身、文化创意、调节温度、紧急避险等功能,是拓展居民对城市优良生态感应面的重要战略。城市的规划和发展需要因地制宜,将原有的田园风光、公园湿地、湖河风景、人文古迹和相关自然景点用绿道串联起来,增加游憩设施,让既有的生态资源景观化、景区化、可参与、可进入,促使城市生态资源开放共享、增效增值。如此,在客观上可以增加城市的宜居性、可持续发展性,进而明显提升居民的生态福利。

一般而言,城市道路是人们对城市的第一印象,道路生态良好是城市生态品质良好的外在表象(Jacobs,1992)[1]。城市道路的规划水平在对城区空气品质有着十分重要影响的同时,对公共卫生质量也具有积极的促进作用。徐文珍等(2013)[2]从景观和道路的基本理论出发,分析了城市道路对城市生态品质提升的对策,认为:城市生态品质受到城市路域生态环境特征、路域污染因子和绿化水平及效果等的影响很大;提升道路生态品质需要从两方面着手:一是科学规划,充分展现路域的生态价值,规划修筑绿道;二是依靠技术创新,改善路面铺设材料,增加其生态保护功能,同时依靠现代生物技术和手段选择合适的绿化美化树种,增加路域的生态品质,并充分发挥生物技术的作用,减少路域的污染,增加路域的低碳、增氧滞尘的效能,从而促进道路生态品质乃至城市生态品质的提升。

宋弘等(2019)[3]的研究表明,低碳城市显著降低了城市污染,提升了生态品质。通过低碳城市建设提升城市生态品质的关键是企业行为的改变和产业结构的升级,公共交通的作用十分有限。低碳收益远远高于低碳成本,因此低碳城市建设具有很强的内在激励机制。

此外,周国宏等(2017)[4]等基于资源生态品质、开发生态旅游价值,谢怀建

① Jacobs, J., 1992. The Death and Life of Great American Cities[M]. New York: Randon House Trade Publishing.

② 徐文珍,谢怀建. 城市道路生态品质提升研究[J]. 城市发展研究,2013,20(8):54—60.

③ 宋弘,孙雅洁,陈登科. 政府空气污染治理效应评估——来自中国"低碳城市"建设的经验研究[J]. 管理世界,2019(6):95—108,195.

④ 周国宏,聂小荣. 基于资源生态品质的鄱阳湖区旅游空间格局[J]. 现代商贸工业,2017(3):1—15.

(2007)①从城市绿化的价值取向分析与质量提升路径角度,刘滨谊等(2002)②从中国城市绿地系统规划评价指标体系的角度,探讨了城市生态品质的提升问题。Ni 等(2019)③通过海洋生物指数的计算,评估了海洋生态系统的品质。Ioana-Toroimac 等(2019)④研究了如何将河流生态品质融入城市生态服务系统。

（3）关于城市生态功能指标的研究

张霄鹏(2013)⑤认为,中国城市生态发展需要完成从几何平面指标到生态功能指标的转变,应当从以往的指标建设或达标转变到生态功能建设或满足居民的呼声和个性化需求上来。他以此为基础,提出了若干确立新的城市生态功能指标的原则:

① 能够反映人居空间和自然生态空间的量化关系;

② 能够以更加全面的生态效能指标来还原实际生态状况(空气的各项指标以及地质的各项指标,如城市组团内的空气平均温度、空气平均湿度、空气负离子含量、铺装透水效率、水体净化效率、热岛效应减缓效率、生物物种数量);

③ 能够反映城市或城市组团生物链以及生物循环过程;

④ 能够反映城市生态平衡以及物种繁衍的状况。

毫无疑问,这些原则体现了城市生态品质提升的目的,表明城市生态品质提升依赖于城市健康的生态循环,符合人类不断增加的对生态品数量和质量的需求,体现了人与自然的共生、共荣、共赢的客观规律,其核心是生态的效能意义与个性化、特色化的质量体系。

RSEI(remote sensing-based ecological index)是利用遥感资料构建的生态指数,具有无量纲、可视化、可在不同时空尺度上比较的特征,可以避免人为原因导

---

① 谢怀建.城市绿化的价值取向分析与质量提升路径[J].城市发展研究,2007(2):131—135.

② 刘滨谊,姜允芳.中国城市绿地系统规划评价指标体系的研究[J].城市规划汇刊,2002,138(2):27—29.

③ Ni, D. , Zhang, Z. , Liu, X. , 2019. Benthic Ecological Quality Assessment of the Bohai Sea, China Using Marine Biotic Indices[J]. Marine Pollution Bulletin, 142, pp. 457—464.

④ Ioana-Toroimac, G. , Zaharia, L. , Neculau, G. , Maria, D. M. , Stan, F. I. , 2020. Translating a River's Ecological Quality in Ecosystem Services: An Example of Public Perception in Romania[J]. Ecohydrology & Hydrobiology, 20(1), pp. 31—37.

⑤ 张霄鹏.还城市以"呼吸"——基于中国城市生态品质现状的再思考[J].城市建筑,2013(14):297—298.

致的权重变化错误。Xi 等（2018）[1]利用这一指数（RSEI）来衡量福州生态质量变化，结果显示：福州的 RSEI 从 2000 年的 0.595 下降到 2016 年的 0.503，表明生态质量下降；城市建成区的扩大是导致生态恶化的重要驱动力。

总之，享受生态、宜居的城市生活是每个市民的期盼。随着经济发展和城市化进程的加快，城市生态、环境问题不断，市民幸福感一再下滑。推进新型城镇化建设，改善城市生活环境，提升城市生态品质，坚定不移建设生态、宜居城市，是新时期城市发展的主流方向。创建生态品质城市是城市创新发展的重要领域，已成为许多国家城市发展的潮流，也是我国生态文明建设新时期的内在要求。城市生态品质建设要从自然、经济、社会和人居四个方面入手，用生态的方法解决生态中存在的问题，从系统论和整体的角度审视矛盾，坚持以人为本、统筹兼顾、关注城市整体效率，积极引进绿色低碳的城市发展理念和经验，推动城市生态化、低碳化，全面提升城市生态品质，营造生活舒适、环境优美、功能完善、市民具有幸福感的生态之城（环境保护编辑部，2013）[2]。

当前关于城市生态品质的界定和理解缺乏统一性，认识模糊。城市生态系统复杂而庞大，提升城市生态品质可以从多个维度进行，如：可以从低碳角度，以绿色、低碳建筑为导向；可以从生态绿道建设角度，以增加、增强生态设施为导向；可以从交通设施改进角度，以建筑、道路、公共设施的优化配置为导向；可以从城镇化角度，以优化和提升自然生态系统、社会生态系统、经济生态系统和人居生态系统等子系统的结构和能力的提高为导向；也可以从优化城市整体的生态结构角度，以突出绿化服务均衡与个性化，全面统筹水体、山体、公园、绿道、道路绿化、港渠绿化等各类生态要素；还可以根据不同区域居民的生态消费特征，密切结合国家开放、共享、生态、创新的战略，采取不同的生态品质提升思路。

当然，低碳发展研究有待深化，生态品质研究相对薄弱，低碳发展和生态品质的研究呈现"分割"状态，将两者有机联系、超越各自学科的关联研究尚未受到足够重视，致使低碳发展通向生态品质提升的"桥梁部位"研究严重不足。这是由研

---

① Hu, X., Xu, H., 2018. A New Remote Sensing Index for Assessing the Spatial Heterogeneity in Urban Ecological Quality: A Case from Fuzhou City, China[J]. Ecological Indicators, 89, pp. 11—21.

② 环境保护编辑部. 圆梦生态城市：全方位提升城市生态品质[J]. 环境保护，2013(2)：1.

究者的专业差异和社会的阶段性需求决定的。随着中国社会经济发展及生态失衡的加剧,国民需求的不仅仅是环境的无害化,而是一个健康的、质量不断提升的、可全方位提供生态品和服务的生态系统,以"头痛医头,脚痛医脚"为核心的环境和污染治理战略亟须转向"标本兼治"的生态系统调控和生态品质提升的新思维。

综上所述,有关城市生态品质的研究尚显薄弱并存在明显的短板。本书将在一定程度上丰富和弥补现有研究的不足,富有一定的时代价值和理论价值。

1.3　研究框架、方法与创新之处

本书以城市低碳发展的生态品质提升为研究对象,主要研究城市生态品质评价体系及低碳化发展对城市生态品质影响的机制与理论,并力图提出以低碳发展提升城市生态品质的路径模式和对策。

1.3.1　基本研究框架

本书的基本研究框架包括以下几个方面:

① 背景意义与文献述评;

② 国内外相关研究的学术史梳理及研究动态;

③ 上海碳排放对生态品质的影响;

④ 上海碳排放的动力、结构及对生态品质的影响;

⑤ 上海的低碳发展实践、生态品质的度量及变动分析;

⑥ 全球视野下上海生态品质改善的目标情景分析;

⑦ 推进低碳发展,促进生态品质提升的国际经验、上海低碳发展提升生态品质的主要问题及有利条件;

⑧ 低碳发展推动上海生态品质提升的对策建议;

⑨ 促进生态品质提升的碳汇发展战略(见图1—3)。

1.3.2　基本研究方法

本书的基本研究方法主要包括以下几个方面:

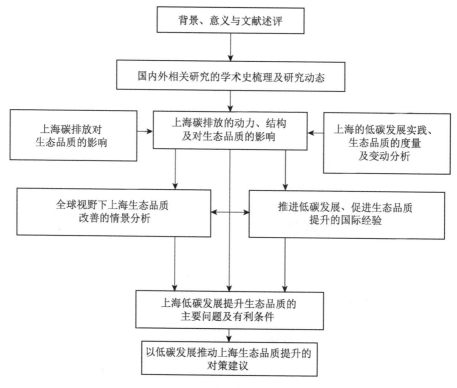

图1—3　基本框架示意图

（1）系统分析方法

本书将碳排放、社会经济活动及城市生态看作一个综合系统，构造生态品质评价方法，构建科学的计量模型，分析城市发展、低碳化及生态品质的关系，探讨可行的管理政策思路。

（2）情景分析与模拟分析方法

本书采用情景分析法分析上海低碳发展的水平和生态品质的变化，即基于国家能源规划、"十三五"规划及整体经济发展与国际环境设置情景，预测未来不同阶段碳排放数量变化，力求研究成果的前瞻性和科学性。

（3）定性与定量结合的集成方法

本书使用定性和定量结合的集成方法评价上海生态品质水平，分析其变化与成因，寻找上海生态品质的结构及"短板"，为提升上海生态品质的路径及对策建议提供支持。

1.3.3 创新之处

本书抓住城市生态品质研究的"薄弱"之处,即低碳发展通向生态品质提升的"桥梁部位"研究的严重不足,注重城市生态品质评价方法和城市低碳发展对生态品质影响的研究,在学术上丰富和完善了生态品质评价理论及低碳发展提升城市生态品质的理论,促进了生态经济学与环境经济学的发展。研究表明,碳排放在各级生态系统中都是显性因素,低碳发展是促进城市生态品质提升的"杠杆",且能兼顾国际义务、承诺和国内城市可持续发展。生态品质是衡量生态文明建设水平的有效工具,低碳发展是促进城市生态文明发展的重要"通道"。

本书还分析预测了上海未来的碳减排数量及减排方案,构造了一个衡量城市生态品质的指标体系。同时针对上海自身的优势和劣势,提出了提升生态品质的战略目标和战略对策。

第 2 章 城市生态品质与低碳发展

2.1 从低碳发展到生态品质提升

人类活动排放的温室气体"在继续改变着大气层,将导致气候暖化",二氧化碳这一主要温室气体排放的 3/4 来自矿物燃料的燃烧(联合国开发计划署研究中心,2006)。城市是 CO_2 为主体的温室气体的主要排放者(Byrne et al. ,2007)[①]。在中国,城市消费了 84% 的商业能源和超过 70% 的全部能源,产生了 80% 以上的与能源相关的二氧化碳排放。到 2030 年中国还会有大量的农村人口进入城市变成城市居民,城市的碳排放仍有向城市集中的趋势(Dhakal,2009)[②]。若没有高度的重视和切实可行的战略与方案,城市碳排放会加速增长。同时,伴随二氧化碳大量排放助推全球加速暖化,废弃物、废水、废渣、粉尘等污染物也随之大量产生,会加速恶化城市生态系统,进而使城市生态质量和生态品质加速下降,不能满足城市居民对生态品质的需求。

城市又是低碳技术与人才、资本的密集区,在二氧化碳减排、低碳经济发展等

---

① Byrne, J. , Hughes, K. , Rickerson,W. , Kurdgelashvili,L. , 2007. American Policy Conflict in the Greenhouse: Divergent Trends in Federal, Regional, State, and Local Green Energy and Climate Change Policy[J]. Energy Policy, 35(9), pp. 4555—4573.

② Dhakal, S. , 2009. Urban Energy Use and Carbon Emissions from Cities in China and Policy Implications[J]. Energy Policy, 37 (11), pp. 4208—4219.

方面具有巨大潜力,也应是二氧化碳的重要减排者(Pamlin et al.,2009)[1]。随着城市居民收入水平的提高,对城市生态质量的要求也日趋提高。近年来,许多大都市在消减 CO_2 中持积极态度,它们拟定了减排清单,发布了行动计划,制订了科学的温室气体减排计划,并通过配给政府的支持资金以项目的形式付诸实践。1998 年以来,伦敦、东京、纽约、新加坡等国际大都市以及中国的上海、北京、广州、深圳等大都市,分别宣布建设低碳城市(Gomi et al.,2010,2011;Li et al.,2010)[2][3]。有一些城市还提出建设零碳城市的目标,将社会经济发展建立在不排放温室气体的基础之上。

当前,低碳城市建设主要包括城市低碳发展的减排标准的制定、减排制度(Chen,et al.,2013;Gao,et al.,2015)[4][5]和减排政策的设计与评价(Yang,et al.,2013;Li,et al.,2017)[6][7]、碳排放基本态势的预测、碳排放实践方案的制定(Wu,et al.,2017;Wu,et al.,2019)[8][9]、低碳减排项目的具体推动以及低碳减

① Pamlin, D., Pahlman, S., Weidman, E., 2009. A Five-Step-Plan for A Low Carbon Urban Development[EB/OL]. WWF Sweden, Ericsson. En ligne: assets. panda. org/downloads/wwf-ericsson-5-step-plan. pdf.

② Gomi, K., Ochi, Y., Matsuoka, Y., 2011. A Systematic Quantitative Backcasting on Low-carbon Society Policy in Case of Kyoto City[J]. Technological Forecasting and Social Change, 78(5), pp. 852—871; Gomi, K., Shimada, K., Matsuoka, Y., 2010. A Low-carbon Scenario Creation Method for a Local-scale Economy and Its Application in Kyoto City[J]. Energy Policy, 38(9), pp. 4783—4796.

③ Li, L., Chen, C., Xie, S., Huang, C., Cheng, Z., Wang, H., Dhakal, S., 2010. Energy Demand and Carbon Emissions under Different Development Scenarios for Shanghai, China[J]. Energy Policy, 38(9), pp. 4797—4807.

④ Chen, F., Zhu, D., 2013. Theoretical Research on Low-carbon City and Empirical Study of Shanghai[J]. Habitat International, 37, pp. 33—42.

⑤ Gao, G., Chen, S., Yang, J., 2015. Carbon Emission Allocation Standards in China: A Case Study of Shanghai City[J]. Energy Strategy Reviews, 7, pp. 55—62.

⑥ Yang, L., Li, Y.,, 2013. Low-carbon City in China[J]. Sustainable Cities and Society, 9, pp. 62—66.

⑦ Li, Z., Galván, M. J. G., Ravesteijin, W., Qi, Z., 2017. Towards Low Carbon Based Economic Development: Shanghai as a C40 City[J]. Science of the Total Environment, 576, pp. 538—548.

⑧ Wu, J., Kang, Z. Y., Zhang, N., 2017. Carbon Emission Reduction Potentials under Different Polices in Chinese Cities: A Scenario-Based Analysis[J]. Journal of Cleaner Production, 161, pp. 1226—1236.

⑨ Wu, J., Ma, C., Tang, K., 2019. The Static and Dynamic Heterogeneity and Determinants of Marginal Abatement Cost of CO_2 Emissions in Chinese Cities[J]. Energy, 178, pp. 685—694.

排计划和规划的落实(Chen，et al.，2016；Chen，et al.，2019)[1][2]。

鉴于碳减排的最终实现还需要微观主体行为与意识的改变，因此宣传和激励家庭与社区层面的低碳生产生活方式转变是推动低碳减排实践的关键所在(Ye，et al.，2017)[3]。鉴于技术仍然是当前及未来加速低碳化和提高生态品质的关键性决定因素，因此推动低碳技术、生态修复技术和生态品质提升技术的研发和实践需要不断加强(Mohareb，et al.，2014)[4]。鉴于以低碳化推动城市生态品质活动涉及个人、家庭、企业、政府、非政府组织等主体，因此需要调动各主体的实践热情，不断深入推进多层次市场化。

通过城市低碳发展控制全球暖化的碳减排目标是一种"由远及近"的实践维度。它以减排为核心，并未充分考虑碳减排的巨大溢出效应和以城市低碳化发展提升城市本身生态品质的效应，更多考虑的是为减排 GHG 而低碳化，为"远、大"的目标而建设低碳城市。这加重了低碳经济的外部性，减弱了对近期的激励，也带来了实践效率的低下。

因此，城市低碳化发展应以改善城市自身的生态品质为核心，注重"由近及远"的低碳发展思路，进而促进全球 GHG 控制。因为低碳福利的空间分布主要表现为"由近、微及远、大"，故以低碳发展提升生态品质为核心，"由近及远"地推进低碳实践活动，会一定程度上减弱低碳经济的外部性效应，放大低碳化的正向生态外溢功能，从而使低碳化发展更具有实践价值及激励与动力效应。这样的低碳实践活动还有利于将城市生态经济和可持续发展的当前发展密切结合，使政策

① Chen, G., Zhu, Y., Wiedmann, T., Yao, L., Xu, L., Wang, Y., 2019. Urban-rural Disparities of Household Energy Requirements and Influence Factors in China: Classification Tree Models [J]. Applied Energy, 250, pp. 1321—1335.

② Chen, G., Wiedmann, T., Wang, Y., Hadjikakou, M., 2010. Transnational City Carbon Footprint Networks — Exploring Carbon Links between Australian and Chinese Cities[J]. Applied Energy, 184, pp. 1082—1092；Chen, G., Hadjikakou, M., Wiedmann, T., 2017. Urban Carbon Transformations: Unravelling Spatial and Inter-sectoral Linkages for Key City Industries Based on Multi-region Input — output Analysis[J]. Journal of Cleaner Production, 163, pp. 224—240.

③ Ye, H., Hu, X., Ren, Q., Lin, T., Li, X., Zhang, G., Shi, L., 2017. Effect of Urban Micro-climatic Regulation Ability on Public Building Energy Usage Carbon Emission[J]. Energy and Buildings, 154, pp. 553—559.

④ Mohareb, E. A., Kennedy, C. A., 2014. Scenarios of Technology Adoption towards Low-carbon Cities[J]. Energy Policy, 66, pp. 685—693.

更有可行性、确定性和有效性。而且,提升城市生态品质的实践效果带来的温室效应的缓解远远比以减少温室气体排放带来的生态福利效应更大、更惠及地方实践者,进而更能持续地惠及全球。

从中国经济建设和发展需求看,早在党的十七大报告中就已提出"生态文明"的概念,并将"生态环境保护"列入"促进国民经济又好又快发展"的宏观调控体系。党的十八大再次重申"生态文明"的理念与战略,并将"生态文明建设"列入我国经济社会发展"五位一体"的总体布局,目标更为明确。党的十八届五中全会进一步提出了以创新、协调、绿色、开放、共享五大发展理念引领我国阔步迈向"两个一百年"的奋斗目标。与此同时,国家"十三五"规划也提出"绿色"的发展理念,把生态文明建设作为我国经济社会发展的要义。可见,生态化、绿色化发展已成为中国城市发展的必然选择,加强以低碳发展促进城市生态品质的研究是中国面向2030 年乃至2050 年的经济发展所急需进行的工作。

就上海而言,当前城市发展面临诸多需要解决的生态难题,如:环境改善缓慢,雾霾等大气污染、水污染、固废等亟待有效控制;生态赤字继续扩大;国际大都市发展过程中社会经济发展与环境品质失配,一些生态问题危及市民健康;注重环境生态治理末端,源头治理和过程治理不足;环境治理效率亟待提高。因此,面向 2035 年的长远规划目标,基于"由近及远"的绿色发展和生态优化视角,上海需要加大力度,努力建设低碳城市,以促进城市生态品质的提升。

2.2　以低碳发展促进生态品质提升

2.2.1　生态质量、环境质量、生态品质与低碳发展

生态质量(Ecological Quality)是指包括生态环境在内的综合质量概念,是质和量的统一体,是在国际国内生态法律法规框架下,参照生态系统的特征、健康性及相关标准,对具体生态系统的状态和水平的比较与衡量。

低碳发展是指基于当前高能源投入、高碳排放的既有经济模式,通过以更少的能源投入和碳排放来促进经济发展。减少碳排放的基本途径包括:减少碳源,包括减少化石能源投入及重碳型原材料投入;通过技术、工艺流程和产业结构调

整减少生产过程的能耗及相关碳排放;在产业链的末端通过碳捕捉等措施减少产业链中的总体碳排放。与此同时,也可以加大碳汇能力建设,包括增加农林碳汇功能,增加土壤、湿地、草地、林地的储碳功能等,来实现碳减排的目的。

如前文所述,人类当前实行的是高碳的经济模式,其主因是能源的密集投入及对自然碳平衡的扰乱。这种经济模式已经对人类赖以生存的生态系统造成严重的负面影响,致使生态品质下降。因此,转向低碳经济模式是人类的必然选择,而低碳经济发展至少需要从降低 CO_2 排放量、增加碳汇两方面来实现。若从绝对减排量上看,以能源为核心的减排具有确定性、点源性、靶向性和效能主导性等优点,而碳汇能力建设带来的减排具有不确定性、分散性、低量性和投资投产周期长等特征,减排效应较弱。因此,一直以来,低碳发展的主流战略与对策是以能源为核心的减排,汇碳建设没有得到足够的重视。

① 在当前碳排放量巨大和生态系统结构因人为干预而被大量破坏的情况下,即使未来零碳排放,也无法提供人们满意的生态系统,而且有些生态系统具有非可逆性。因此,低碳发展的根本目的是修复和提高环境的生态功能。

② 改善生态品质的目的不是仅仅达到某个规定的环境质量或生态质量指标,而是最大化提高人们的生态福利。生态福利取决于量的规定性和质的规定性,更取决于品的规定性。

③ 以低碳发展提升生态品质是强调以人为本,考虑动态进程中将人的细致需求与碳汇建设相结合。增(碳)汇的同时,也是生态系统重建、修复、强健和生态服务功能增强的过程。

在低碳发展的战略中,环境指标达到或优于环境标准的质量要求还不够,还需要在谋求生态质量提升的基础上优化生态品质,以在更大程度上提高人们的生态福利。从这个意义上讲,低碳发展中的更"高级版本"应该是在低碳发展的同时,生态系统得到优化,生态系统的福利和优质生态品的输出功能得到提高。这就需要我们在综合碳减排的推进中,遵循边际生态福利最大化原理,重视碳汇能力的建设,推动生态品质的提升。

以低碳发展提升环境质量或生态质量的目标是注重边际减排量最大化,其直接结果是使环境质量达到或优于环境或生态标准,生态系统功能和健康水平也得到提升。而以低碳发展提升生态品质的战略思路是强调边际生态功能或生态福利最大化,从而提升生态系统的功能和健康程度。

对上海这样一个大都市而言,其环境和生态资源与人口之间的矛盾日趋加剧,生态服务提供的数量和结构与市民的要求之间的矛盾日趋突出。因此,上海的低碳发展必须聚焦于提升生态品质,以期在地方层面上解决市民与生态系统的矛盾,在国家层面上完成国家赋予的碳减排任务和以低碳发展提升生态品质的示范任务,在全球层面上满足 GHG 减排和缓解气候变化压力的责任和义务,从而使上海在低碳发展福利最大化的同时,发挥其改善气候变化压力的正向外部效应,激发持续的发展动力。这个过程应该是"利己利人"的。仅仅"亏己利人""专门利人"的碳减排违背可持续发展的公平性原则,无法有效地促进地方的可持续发展。

表 2—1 更加清晰地表明:生态品质以生态质量为中心,生态质量是生态品质的保障。生态质量概念的外延大于生态品质的外延。生态质量是一组固有特性满足要求的程度,此固有特性是指生态载体中本来就有的品质。品质与质量是相互作用的,生态品质与生态质量具有相互成就、互动升级的可能机制。城市生态质量可用一个物种来对其进行简单的评价,也可以用指标体系来衡量复杂的城市生态品质。生态品质的度量要参考生态质量乃至环境质量标准,并显化品质的特殊性。以低碳发展提升生态品质,就是通过低碳化发展降低 CO_2 及其伴生污染物的排放水平,使生态环境更宜于居民的生活和福利提高。也就是说,对生态质量的评价主要关注的是环境和生态的客观性,而对生态品质的评价还要关注居民感受,即居民福利函数中生态变量的权重。

表 2—1　　　低碳发展推动生态质量改善与低碳发展推动生态品质改善

	内容	低碳发展推动生态品质改善	低碳发展推动生态质量改善
区别	目标	增加生态福利——居民感受	减排达标——遵守客观性
	激励	边际生态福利/福利绩效最大	边际减排量最大,促进达标
	重点	强调增加碳汇的同时实现减排	从源头到过程的减排和末端治理
	福利结构	利己利人	利人利己/专门利人/亏己利人
	对生态系统改善的效应	主动式,以碳减排与碳汇建设提升生态福利	被动式,作为碳减排的结果而实现

	内容	低碳发展推动生态品质改善	低碳发展推动生态质量改善
区别	提升手段	植树造林,重视农业生态功能,重视土壤生态功能。同时,注重源头减排(引进新技术,调整能源结构、产业结构,技术流程工艺等)	引进低碳新技术,调整能源结构、产业结构、技术流程工艺等
	政策	更加系统和平衡的支持政策	碳减排为主导的支持政策
	适用对象	生态资源紧缺的人口密集区	生态资源丰富的人口密集区
	客观性与主观性	注重居民的主观感受和生态科学性及客观数据基础	注重生态的科学性和客观数据基础
联系		生态质量控制是底线,是改善生态品质的基础。良好的生态品质,会促进生态质量长期持续的达标,保证生态质量的稳定和优化。因此,生态品质是生态质量的基本保障。生态质量和生态品质未必成正比例关系,随着人类经济发展和消费者需求水平的提高,相比生态质量,人们更加注重生态品质。	

2.2.2　以低碳发展促进生态品质提升

就生态环境管理而言,中国起步较晚。在 20 世纪 70 年代以前,中国尚没有系统的生态环境管理。20 世纪 80 年代初期,中国政府逐步制定了一系列环境标准和法规,系统化的生态环境管理开始出现,但其核心仅是污染物排放浓度的控制与管理。20 世纪 90 年代,中国的生态管理开始逐步从污染物排放的浓度管理过渡到污染物排放浓度和数量的双重管理,并从综合的角度,逐步重视可持续发展和生态城市建设。2010 年之后,中国的生态环境管理开始重视对环境质量和生态质量建设的双重管理。

目前,我国的生态管理进入更高的管理阶段——生态品质管理阶段。随着中国经济建设和生态文明建设"新时代"的来临,社会主要矛盾变为人民日益增长的美好生活需要和不平衡、不充分发展之间的矛盾,其中包含了人民日益增长的优质生态品和生态服务与现今生态品质发展不平衡、不充分的矛盾。由此可见,美好生活需要优美、健康、宜人的生态环境支持,以低碳发展促进生态品质提升是当前及"新时代"解决社会主要矛盾的重要内容。

总之,在社会经济发展水平较低的阶段,人们主要关注经济的发展水平。随

着经济发展导致的环境问题日益突出,环境质量评价与管理日益受到重视。只有
在社会经济发展进入较高阶段后,生态改善才成为重要的变量,生态品质评价与
管理才会日益受到重视。显而易见,生态品质作为一种更加精细化的生态环境管
理,必将变成未来深化可持续发展管理的主流。

2.3　城市生态品质的发展机制

城市生态品质发展的基本机制可以概括为如下几个方面:低碳化的强力支
持,适宜的植被覆盖,生态景观的不断美化,水、土壤、大气质量的不断改进,舒适
性的不断提升与改善,经济发展的有力支持。

2.3.1　低碳化的强力支持

如上文所述,低碳化可以减轻"三废"排放,促进生态环境的原态性保持。低
碳化发展产生的生态品质提升效果可以对缓解全球温度升高、减少暖化有益,可
以对国家总体上控制温室气体排放有益,可以促进生态福利的提高,进而对城市
人群的生态安全有益。因此,低碳化是生态品质提升机制中最为重要的一环。只
有低碳化发展的存在,才能有生态品质的提升。

然而,低碳化发展需要依靠技术研发与投入,需要高技术产业群支持,需要高
级化产业结构支撑。一方面,低碳化发展是社会经济发展到一定阶段的产物,另
一方面它需要各级政府的高度重视,在政策、具体措施方面给予大力的支持,鼓励
企业、各类社会组织积极参与,努力推动。与此同时,企业、各类社会组织要以社
会发展为己任,致力于低碳化发展。

2.3.2　适宜的植被覆盖

植被具有生产氧气、防风固沙、保持水土、供给薪柴木材、美化景观等功能,是
保持城市生态品质的基本要素。过少的植被覆盖定会降低居住生活的适宜性,而
过多的植被覆盖必然阻碍交通,降低城市的经济密度和经济效率,阻碍生态品质
发展的平衡性和生态福利水平的提高。因此,适宜的生态植被对城市生态品质的
提升具有重要意义。

所谓适宜的植被,是指城市植被的数量、质量、空间布局、种类结构等具有合乎规定性的、健康的、可持续发展的特征。城市居民生活需要不断变化且日趋新奇的植被景观。任何城市都需要不断维持和发展生态植被群,但城市建设往往破坏植被。因此,对于依托植被发展提升生态品质的城市而言,需要构建起两个方面的持续作用机制:

① 充分利用地带性植被基底,引进合适的植被,在保持生态品质的同时,促使植被种类结构优化、高矮比例合理和四季呈现结构合理。

② 注重植被群落的功能升级、布局更新,提高植被与居住人群的和谐度。因此,市政建设和城市绿化要不断引进公园树种,修剪或更换造景区的植被,兴建绿地、公园,并构建居民亲绿平台设施,让植被不断提高城市的舒适度,进而提高居民的生态福利。

2.3.3　生态景观的不断美化

生态品质的改善不仅仅在于绿地、湿地、森林及其他生态设施的数量,还需要这些生态资源布局合理,呈现状态优美。这是因为,人类天然具有对美好事物的向往和追求。优美的居住环境不仅可以让人修身养性、心旷神怡,还可以增加人的幸福感,进而提升人的生态福祉。正因此,生态景观的不断美化就成为生态品质提升的重要组成部分。

生态景观美化的主要手段,就是将生态资源公园化。可以通过修筑生态廊道,适度引进或构造生态资源(如引水造湖,引种优质绿化树种和园林植被,建造人工山丘、亲水平台,种植四季花卉),加强生态资源的宜人性呈现能力(如在以前无法参观的自然森林中建立景观道路,将以往分散的生态景观用连接通道串成旅游链,将植被的多样性通过公园集中呈现),增加既有优质生态资源景观的居民感知面、舒适度和多样性,满足不同偏好居民的需求。

2.3.4　水、土壤、大气质量的不断改进

水、土壤、大气是最基本的生态资源,是提供生态品的基本"原料",保持这些原料不受污染是提供高品质生态品的必要条件。低碳发展可以促进水、土壤、大气质量的提高,从而促进生态品质的提升。其具体体现在以下两个方面:

① 要保持未受到污染的大气土壤和水环境的安全发展。

② 对污染水源、土壤和大气进行治理，修复水污染区、土壤污染区，并整治大气污染重点区，促进大气、水文和土壤的生态平衡和系统优化，让自然生态健康循环发展，建立起具有不断进化功能的生态平衡机制，让居民体验到自然生态的乐趣，享受更多的生态福利。

2.3.5　舒适性的不断提升与改进

生态品质提升的核心是生态功能与生态成效的提升。根据库兹涅茨理论，居民对城市生态品质的需求会随着收入水平的提高而不断提高。在收入水平较低的情况下，居民对生态服务品质的要求较宽松。但随着社会经济的不断发展、收入水平的不断提高，居民对生态产品和服务的品质要求会随之上升。

目前中国人均 GDP 约为 9 000 美元，上海人均 GDP 超过 2 万美元。城市居民的温饱问题早已解决，消费需求的结构和品质日渐高企，对生态品的需求也在大幅度提高。对于日趋增多的中高收入阶层来说，对生态产品和服务特色的需求已逐渐超越了生态产品和服务数量的需求。因此，城市的生态建设不仅要注重数量，还要注重品质。而提升城市生态品质的关键，是要在数量基础上，增强质量控制下的特色与品质，而且要与时俱进，不断改进生态品质，满足日益增长的居民对城市生态品或生态服务的需求。

2.3.6　经济发展的有力支持

生态品质的提升是建立在经济发展的支持之上的。高科技发达、清洁型产业发达的经济系统不但可以支持居民的高收入，增加人们对城市生态品质的需求，而且可以减少碳排放及相关的水污染物、大气污染物及土壤污染物的排放，维持自然生态系统的天然品质。

另外，较高生态品质的提供和保持、较为旺盛的高生态品质产品的需求也直接或间接地促进了经济发展和经济品质的提升，从而为人们建立一个生态品质和经济品质相互支持、互动发展的良好机制。

2.4　不同类型城市生态品质提升的战略思路

城市的生态环境具有多样性。因为自然区的差异,有些城市自然生态资源丰富,有些城市自然生态资源贫乏。由于不同城市的经济基础和产业结构也存在差异,城市"三废"的排放情况也存在差异。所有这些导致了城市生态品质提升的制约因素存在差异。

目前,根据社会经济发展水平及生态资源的状态,提升生态品质面临各种"短板"或缺陷,我们大致可以将需要提升生态品质的城市分为生态资源不足型、社会经济发展滞后型、生态环境污染型、欠开发型和多维制约型。而这些不同类型的城市在提升其生态品质时,需要制定不同的战略思路与方法。兹分述如下:

(1) 生态资源不足型

大多数城市在长期的开发过程中,随着人口的不断集聚和城市的不断向外拓展,城市的土地资源、水资源、森林资源等不断被快速消耗,常常出现水域、森林、农地等变为建设用地的情况,生态用地不断减少。因此,生态资源匮乏成为降低城市生态品质的重要因素。

这类城市的生态品质提升需要重新重视生态资源的供给,缓解生态资源的严重不足。为此,城市需要对既有的居住区或生产区进行拆迁造绿,修建现代化绿地、公园,同时在郊区开辟郊野公园和生态走廊,加强街道绿化和屋顶绿化,增加居民共享的现代化、生态化、美丽化的生态绿地、水域和公园等,增加生态资源对居民生活适宜性的贡献,进而达到提升城市生态品质的目的。

(2) 社会经济发展滞后型

有些城市因所处的地理位置、经济发展的基础以及自然资源条件等原因,其社会经济发展水平较低,具体表现为 GDP 总量有限,增长缓慢,产业结构较为落后。所有这些导致这些城市的生态建设投资匮乏,公园绿地建设不足,"三废"排放较多,生态服务和生态品质无法满足居民的需求。

这类城市在谋求提升其生态品质时,需要调整发展战略,在努力提升自身社会经济发展水平的同时,努力引进外部资金,大力开发生态资源,发展清洁产业,优化空间配置。

（3）生态环境污染型

有些城市社会经济发展较快，发展水平较高，但既往的高碳经济发展模式使生态环境遭受明显的破坏，以致城市生态环境污染严重，生态品的供给无法满足城市居民的需求。

这类城市要想提高生态品质，需要完成以下任务：

首先，要治理污染。在此过程中，一方面要排除重污染源，减少不可避免的污染源，让增量污染迅速下降；另一方面要通过调整产业结构，重置先进的技术设备和生产工艺，减少能源密集型和污染密集型产业，发展轻污染的环境友好型且经济效益好的产业，特别是发展一定比例的环境产业，保障污染的治理和消纳能力与生产生活中的污染排放相匹配。同时，城市还要充分引入环境污染控制的经济手段和机制，构建有效的排污权交易市场，促使经济发展与生态相协调。

其次，要修复被破坏的生态系统。早在 20 世纪 90 年代，美国、荷兰、德国等国家就提出了通过生态系统自稳定、自组织和自调节能力来修复污染环境的概念，并致力于研究环境生态修复技术，即通过选择特殊的植物和微生物，人工辅助建造生态系统来降解污染物浓度，使之无毒化和无害化（王治国，2003）①。因此，通过研发和采用环境生态修复技术，迅速修复和提升生态系统的机能，是提升这些城市生态品质、增加生态品供给的重要举措。

最后，要加强绿化建设。植被具有吸收污染物、降解污染物、美化生态景观和保持生态系统功能的作用。不同植物抵抗污染、增大氧气的作用是不同的，只有那些对有害气体抗性强、吸收量大的绿色植物才能在大气污染较严重的地区顽强生长，并发挥其净化作用。因此，这些城市的道路绿化应针对本地污染的特点，利用植物吸纳污染的特性进行筛选，从而达到通过绿化降低污染、增加氧气和降低噪声的效果（傅晓薇，2010）②。

降低污染的绿化"其本质首先在于确立绿化的生态目标"，"然后通过树种的选择、灌木的搭配、花卉的点缀、草坪的培育"，在最大限度地改善生态环境、提高生态品质的同时，丰富城市景观。对于重污染区来说，绿化抑污是提升生态品质

---

① 王治国. 关于生态修复的若干概念与问题的讨论[J]. 中国水土保持，2003(10)：4—6.

② 傅晓薇. 城市道路交通噪声治理措施分析[J]. 交通建设与管理，2010(Z1)：94—96.

的重要选择(王清华等,2009;王治国,2003)①②。例如,重庆城市污染中 SO_2 含量较高,因此在道路绿化时有针对性地种植吸 SO_2 强的植物,如刺桐、黄葛树、夹竹桃、麦冬和秋枫等,在一定程度上缓解了污染,优化了环境(范修远等,2007)③。

又如,城市交通产生重污染,是妨害生态品质提升的主要因素之一。2003 年济青高速公路首次开展路域生态系统研究和高速公路抗污染植物研究。目前,车流量较大的淄博试验段抗污染植物研究取得了重要进展,有效降低了高速公路汽车尾气污染。环境监测数据表明,治理前该路段周边空气中各种有害气体属轻度污染的达 27.771 mg/m^3,经过抗污染治理,下降到 13.937 mg/m^3,变为轻微污染(谢怀建等,2009)④。

(4) 欠开发型

有些城市的生态资源和生态空间禀赋良好,植被覆盖呈现良好的原生性或类原生性,但城市经济发展水平不高,对这些生态资源的开发不足,以致这些生态资源的可及性较差,呈现景观不够优美,生态系统的循环受到抑制,生态资源的关联展现缺乏。

一般而言,欠开发地区的经济落后常常伴随着生产技术落后,投入产出效率低,生产主要依靠大量消耗资源,尤其是生态资源为基础。在先开发后治理的思路下,城市的污染日趋严重,生态容量逐渐耗尽,居民无法享受到生态资源带来的福利效应。对于这类城市,在提升生态品质的过程中,应考虑制定合理的战略措施,提升该地区的经济发展水平,应改变现有的发展理念,将低碳环保纳入发展的规划,从而充分发挥生态资源优势,使人们享受到更多的生态福利。

(5) 多维制约型

有些城市在提升生态品质时可能面临多维的缺陷:城市或处于高温地带或严寒地带,或处于高原/高山地带,或处于干燥地带或低洼湿地地带,以致生态资

---

① 王清华,邢尚军,宋玉民,张建峰,杜振宇. 济青高速公路绿化带对交通噪声和铅污染的防护作用[J]. 山东交通科技,2009(1):11—14.

② 王治国. 关于生态修复的若干概念与问题的讨论[J]. 中国水土保持,2003(10):4—6.

③ 范修远,陈玉成. 重庆主城区主要行道植物硫氮水平的初步研究[J]. 资源与人居环境,2007(6):74—75.

④ 谢怀建,王昌贤. 实施生态绿化,促进重庆外环高速公路的路域生态建设[J]. 城市发展研究,2009(1):80—84.

源严重不足;城市经济发展水平较低,存在经济结构不合理、污染较重等问题,以致有限的生态资源遭到严重破坏,生态环境进一步恶化。

城市生态品质的提升是一个系统工程,在这类城市中表现得尤为突出。在提升生态品质的过程中,这类城市更应采取综合而有效的手段来改善生态环境,发展社会经济,造福城市居民。

第3章 城市碳排放对生态品质的影响

3.1 城市低碳发展及其生态福利结构

城市低碳发展对区域生态品质的影响可以分为四个类型(见图3—1)。

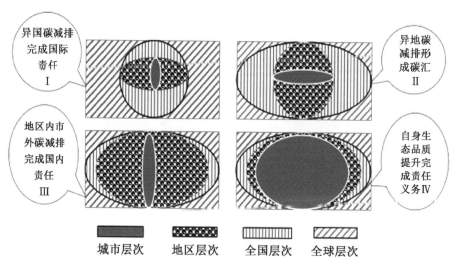

图3—1 城市低碳发展的多层次生态品质影响与生态福利结构示意图

类型Ⅰ中的低碳发展主要通过跨国碳排放权交易或跨国投资来实现,直接的碳减排和/或碳汇的变化发生在异国他乡,对本城市生态品质的影响微乎其微,但对东道国及全球具有重要意义。

类型Ⅱ中的低碳发展对生态品质的影响主要通过国内其他地区的碳减排和/或碳汇增加来实现的,对实施的对象区域及全国意义上的生态品质改善具有明显意义。

类型Ⅲ中的低碳发展对生态品质的影响主要通过国内本地区内本市外的其他区域的碳减排和/或碳汇增加来实现的,对实施当地及本地区内本市以外区域的生态品质改善具有明显意义。

类型Ⅳ中的低碳发展对生态品质的影响主要通过本市的碳减排和/或碳汇增加来实现的,对本地具有最强的生态福利效应,并通过外部性传导而惠及地区、全国及全球。而以城市生态品质改善为目标的低碳发展,理应选择类型Ⅳ。

由于福利因素具有替代性,为了谋求最大福利水平,人们有时会牺牲生态福利换取经济福利、社会福利。对于低碳发展的行为主体,应该根据低碳发展的成本和收益水平,选择类型Ⅰ—Ⅳ。但生态福利是综合福利"木桶"上一个重要的不可或缺的部分,若缺失过多,形成"木桶的短板",会造成总体"福利容量"的流失和减少。

上海的生态福利水平较低是长期以来在重经济轻生态思维下,牺牲生态资源和生态系统健康换取巨大经济收益的必然结果,已成为上海可持续发展的"超级短板",必须想办法迅速补齐这一短板。只有这样才会带来生态品质的改善,进一步带来整体福利水平的提高。

3.2　城市低碳发展的维度及生态品质效应

低碳随着发展深度的变化而带来多维度的变化。也就是说,低碳发展提升城市生态品质可能但不必然、持续地带来生态收益、低碳成本、低碳能力、高生态福利和高生态品质等多维度的积极变化。低碳发展推动生态品质提高呈现初级阶段、中级阶段和高级阶段的发展态势。在从初级阶段到高级阶段的演进过程中,低碳能力不断增加,低碳成本在初级阶段先下降后上升,且上升趋势将一直持续到中级和高级阶段;低碳发展带来的生态福利和全球福利会不断增长;生态收益会在初级阶段迅速增加,而到中级及高级阶段后会因大量投资的付出而降低;生态质量会不断提高。

但生态品质可能出现Ⅰ—Ⅲ种类型的变化。Ⅰ型表现为生态品质逐步高速增长(碳源减少和足够的碳汇增加匹配发展),它是随着社会经济的发展和生态环境质量的提高而适度超前发展的结果。Ⅱ型表现为生态品质在初期阶段改善明显,到中级和高级阶段之后有所下降(因为碳源减少而明显提高了环境质量,但碳汇建设滞后而无法提供居民满意的生态品质)。Ⅲ型表现为生态品质缓慢改善(碳汇建设缓慢),无法满足社会经济可持续发展和广大居民的需要(见图 3—2)。

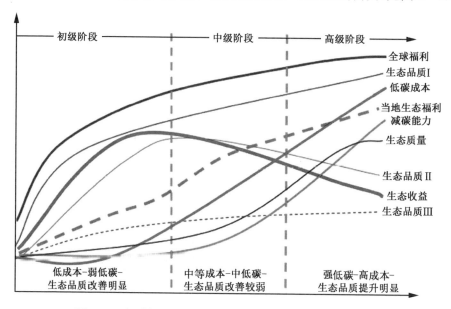

图3—2　低碳推进程度、影响维度及对生态品质效应的变化

3.3　城市生态品质和环境质量

居民对当地的生态感受和生态福利的感知决定于生态品质,而不是生态水平是否达到了生态/环境质量标准。随着人均收入水平的提高,居民对生态品质的感受和要求逐步提高。曹大宇(2012)[①]发现,我国城市居民将平均 N_2O 浓度从

---

　　① 曹大宇.生活满意度视角下的环境与经济协调发展[M].北京:中国农业科学技术出版社,2012:21—25.

44.55 $\mu g/m^3$ 降低到国家排放标准 40 $\mu g/m^3$（国家一级空气质量标准）的宏观支付意愿平均为 2 476 元，相当于样本城市平均收入的 8.8%，微观支付意愿平均为 2 593 元，相当于样本城市平均收入的 8.2%，可见居民对生态品质改善的需求强烈。

上海 1978 年人均 GDP 仅为 145 美元，2015 年增加到 16 665 美元。随着经济发展水平的不断提高，上海居民的人均收入显著增加，对生态品质的要求也日趋严格。尽管 2016 年上海多项污染物年均浓度创历年最低，但居民感觉不给力（陈玺撼，2017）①。其他地区乃至全国范围内也存在同样的问题。如京津冀地区在"大气十条"的基础上，发布实施了《京津冀地区大气污染防治强化措施（2016—2017 年）》，建立了月调度、季考核制度，推动京津冀 2017 年环境空气质量改善。2016 年下半年短短两个月的时间里，环保部门督促北京、天津、河北、山东和河南的部分城市中的 1 239 家高污染企业完成了全部 2 370 个超过 45 米烟囱的自动监控设备安装，促成了企业生态指标达标率大幅提升。但居民对生态品质改善的感觉依然不明显（陈吉宁，2016）②。江苏在环境治理指标和质量上改善很多，但居民依然不满意（程炜，2014）③。官方称我国近年来的污染物浓度逐年减少，诸多环境指标的达标能力加强，生态环境质量也相应提高，老百姓却抱怨空气越来越糟（徐燕燕，2014）④。造成这种情况发生的主要原因是经济发展背景下人们在收入增加的同时，对生态品质有了更高的要求。

正如前文所述，环境质量度量的是环境符合国家环境标准的程度，生态品质衡量的是生态环境质量管控框架下居民的生态舒适感程度。国家环境质量管理的目标虽然也是为了提高居民的生态品和生态服务的需求，但相比生态品质管理还显"粗线条"。有些情况下，虽然环境质量指标达到了国家标准或距离国家标准更近了，但离居民生态品质需求依然很遥远，市民无法感受到生态品质的提高。

江苏省环保厅相关负责人曾坦言，虽然下降了近一成，但 $PM_{2.5}$ 平均浓度还

① 陈玺撼. 外卖一次性餐具带来的严重污染[J]. 现代阅读，2017(11)：54—55.
② 陈吉宁. 以改善环境质量为核心 全力打好补齐环保短板攻坚战——在 2016 年全国环境保护工作会议上的讲话. [EB/OL]. (2016—01—15). http://www. gov. cn/guowuyuan/vom/2016—01/15/content_5033089. htm
③ 程炜. 江苏省十一五环境保护规划指标可达性分析[J]. 环境科技，2009，22(2)：51—54、57.
④ 徐燕燕. 中国饮用水标准比肩欧美为何屡陷"污染门"[N]. 第一财经日报，2014—05—28.

是比较高的,距老百姓感受到神清气爽的蓝天还有不小的距离,必须认识到大气污染治理的艰巨性、复杂性、长期性。2013 年江苏省 $PM_{2.5}$ 平均浓度为 73 毫克/立方米,按下降 9.6% 测算,2014 年的平均浓度约为 66 毫克/立方米。在这位负责人看来,"至少要在 30 微克/立方米以下,才能有 20 千米的能见度,百姓才能感觉到明显改善"。不仅如此,对照北欧一些国家的 $PM_{2.5}$ 年均浓度仅是个位数的事实,说明江苏当前的环境质量水平仍然不高,生态品质水平仍然不高,居民的生态福利获得感不足(杭春燕,2014)[①]。

不仅江苏,全国范围来看也是如此。根据 OECD(2016)数据库,虽然我国的生态环境质量在不断提高或改善,但每百万居民中因暴露在室外 $PM_{2.5}$ 中的死亡人数降低并不明显。这充分说明了我国生态环境治理尽管取得了很大的进展,但生态品质的改善仍然有限。目前,上海乃至全国生态环境治理开始从国标达标向"国标达标+群众认可"转变,这就需要从以关注环境与生态质量的改善为主要目标,转变为以生态品质改善为主要目标。

3.4 城市高碳发展及其对生态品质的影响

3.4.1 高碳发展对生态品质的影响

(1) 生态品质的决定函数

根据以上分析,可将生态品质表达为:

$$EQ = F(f(x_i), \ f(y_j), \ f(z_k), \ f(e_\lambda))EQ$$

其中, $f(x_i)$ 为污染变量; x_i 为污染物 $i(i=1, 2, \cdots, n)$ 的剂量; $f(y_j)$ 为结构变量; y_j 为污染物结构 $j(j=1, 2, \cdots, m)$ 的状态,如污染物数量结构、污染物空间结构、污染物毒性结构、污染物生态容量结构等; $f(z_k)$ 为环境友好型变量; z_k 为污染净化物 $k(K=1, 2\cdots, l)$ 的水平或剂量; $f(e_\lambda)$ 为环境质量状态变量; e_λ 为区域或城市满足某种质量标准 $\lambda(\lambda=1, 2, \cdots, l)$ 的程度。

[①] 杭春燕. 2014 年江苏 $PM_{2.5}$ 平均浓度同比下降 9.6%. [EB/OL]. (2015—01—24). http://jiangsu. sina. com. cn/news/m/2015—01—24/detail-iavxeafs0373420. shtml.

高碳发展和低碳发展对生态品质的影响有着很大的不同。

首先,我国城市的碳排放主要来自化石能源消费。根据国际能源署(IEA)《世界能源展望 2016:能源与空气质量特别报告》,能源的生产和利用尤其是不受监督、未实行污染控制处理的化石能源的随意燃烧排放,是造成当前全球空气污染问题的最重要因素,85％的颗粒物($PM_{2.5}$ 和 PM_{10})、几乎所有的硫氧化物(SO_x)和氮氧化物(NO_x)都来源于化石能源使用。我国能源消费中以化石能源为主,造成了严重的空气污染。如煤炭的生产、燃烧直接向大气释放 CO_2、NO_2、SO_2、颗粒物及其他多环有机物(IEA,2016)[1]。这严重影响了我国城市的生态品质。

其次,高碳经济对生态环境造成破坏,降低了生态品质。高碳经济拉动了化石能源生产,而化石能源生产不仅在能源消费阶段损害生态品质,在开发阶段也严重损害生态品质。能源开发、加工、利用过程中均不可避免地把大量废水排入地下和河流中,对水体、大气、土壤或生物及人的健康产生了危害(《中华人民共和国水污染防治法》对水污染的定义为:水体因某种物质的介入导致其化学物理生物或放射性等方面特征的改变,从而影响水的有效功能的有效利用,危害人体健康或破坏生态环境,造成水质恶化的现象)。

能源开发利用过程中所排出的废水,是水体中的重要污染源。这些废水中含有的 COD/BOD 可达每升几百到几万毫克;pH 值变化大,最低为 2,最高可达 13;温度高,排入水体可以引起热污染;易燃,常含有低燃点的挥发液体,如汽油、苯、甲醇、酒精、石蜡以及其他复杂的有害成分,如硫化物、氰化物、汞、镉、铬、砷等。

除了污染物数量、剂量外,生态品质还决定于污染物排出的类型结构、剂量结构、毒性结构、空间结构,以及其与生态容量结构、环境质量状态变量的匹配关系。

生态资源的容量结构是生态品质的决定性基础,在保持生态资源基础数量的同时,增加生态资源数量,优化生态资源空间结构,提升生态容量能力,是提升生态品质不可或缺的内容。对上海而言,生态容量资源包括森林资源、绿地资源、水及湿地资源、近海资源、农地资源等。继续保持、增加、优化这些资源,是减少碳排放的同时需要重视的重中之重。

环境质量状态变量,包括水污染状态和水等级、土壤污染及内罗美指数、森林

---

① IEA,2016. Energy and air pollution:World Energy Outlook Special Reporter[R]. www.iea.org.

覆盖率、主要大气污染物的污染状态等,是生态品质的基础,也是提升生态品质的潜力、难点和突破口。

(2) 由高碳发展到低碳发展的基本转换机制

基于上述分析可见,高碳经济发展的思路带来了 SO_2、NO_x、PMx、CO、O_3 等大气污染物的大量排放,加速了 COD、BOD、挥发酚、石油类、氰化物、Pb、As、镉、六价铬等水污染物的大量伴排,使重金属、农药、总氮、总磷等在农产品—农地系统内大量残留。由于高碳经济发展对空间的占有和扩张,林地、水域/湿地、森林植被、近海碳汇等不断减少,必然带来对大气生态、水/湿地生态、森林生态、农—地生态子系统的自然健康状态和未来发展的巨大威胁或破坏,致使总体生态品质下降。由此不难发现,高碳发展给大气生态品质、水生态品质、湿地生态品质、森林生态品质、农业土壤生态品质、海岸带及近海生态品质带来了巨大的负面冲击,致使生态品质下降(见图3—3)。

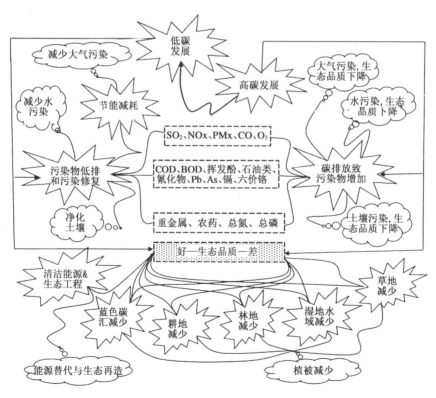

图3—3　上海高碳—低碳发展对生态品质影响基本机制及其实践

而向低碳发展转化,需要节能减排工程、清洁能源替代和生态修复工程、碳源控制和治理工程、碳汇建设工程等,促进污染物低排移除和污染修复,从而使各生态子系统和综合生态系统恢复健康并重新焕发活力,在其持续支持社会经济发展的同时,为居民提供美好生活所需要的、高品质的环境品和环境服务。

要完成这一转变,需要政府、企业、居民及其他组织树立"绿水青山就是金山银山"的理念,重建绿色经济结构和高碳支持动力系统,通过技术创新、污染者责任强化、更严格的污染惩罚和全面的监督体系,促进生产—消费—流通的绿色革命和清洁能源革命。

总之,如果仅仅是 CO_2 排放,对地方/城市生态品质的影响主要体现在大尺度的时间和空间中,需要借助气候暖化带来的大气环流、行星风带、雨带、海洋水文等变化形成。而本书关注的碳排放对地方/城市的影响机制主要表现为 CO_2 的伴生排放和气候暖化的综合影响。而当前首先要关注的是 CO_2 的伴生影响。这是因为,碳排放主要来自化石能源的燃烧,同时伴生排放 PMx、NO_x、SO_2、O_3,以及因化石能源密集型工业发展所带来的 COD、重金属、BOD、危险固体废物及常规固体废物等的排放所造成的对大气、水和土壤的污染。低碳发展就是要减轻这类影响,提高生态品质。

3.4.2 碳排放对大气生态品质的影响分析

碳排放对大气生态品质影响的程度取决于重点污染物的排放情况。在既定的技术水平、产业结构和能源结构下,可借助能源消耗中重点污染物排放指标来衡量碳排放对大气生态品质的影响。相较于对水生态品质、土壤生态品质的影响,当前碳排放对大气生态品质的影响更为显化,居民对此具有强烈的改善需求。为此,本书以上海为例,采用 Spearman 秩相关系数法,选择能源消费对 PMx、NO_x、SO_2 排放的影响,来衡量碳排放对大气生态品质的影响。

Spearman 秩相关系数是一个非参数的秩统计系数,可以衡量 2 个参数之间的相互关系。其公式为:

$$R_S = 1 - 6 \sum_{i}^{n} d_i^2 / n(n-1)$$

其中,R_S 为相关系数,n 为数据个数,d_i 是对应变量 X_i 和 Y_i 之间的差值,X_i 是按照浓度值从小到大的排列序号，Y_i 是另一个参量从小到大排列的序号（郑明等，2015）。[①] 计算出结果后，根据 R_s 与临界值的比较，判定两个参数之间的关系变化是否显著。

通过计算上海不同时间段大气污染物的 Spearman 秩相关系数，可以发现，2001—2015 年上海市三类主要污染物年均浓度都呈下降趋势，其中 NO_2、PM_{10} 下降趋势显著，SO_2 下降趋势不显著；2001—2005 年及 2006—2010 年和 2011—2015 年 NO_2 年日均浓度下降不显著，但 SO_2 下降趋势显著，细颗粒物 PM_{10} 也呈显著下降态势；2006—2010 年及 2011—2015 年 PM_{10}、SO_2 年日均浓度下降趋势显著（见表 3—1）。

表 3—1　　　　　　　　上海主要大气污染物不同时段的相关系数

时间	污染物($\mu g/m^3$)	R_s	$W_p(p < 0.05)$	检验
2001—2015 年		-0.910	0.577	下降,显著
2001—2005 年	NO_2	-0.612	0.768	下降,不显著
2006—2010 年		-0.790	0.845	下降,不显著
2011—2015 年		-0.820	0.901	下降,不显著
2001—2015 年		-0.411	0.566	下降,不显著
2001—2005 年	SO_2	0.710	0.834	下降,不显著
2006—2010 年		-0.900	0.870	下降,显著
2011—2015 年		-0.820	0.910	下降,显著
2001—2015 年		-0.920	0.544	下降,显著
2001—2005 年	PM_{10}	-0.879	0.838	下降,显著
2006—2010 年		0.912	0.847	下降,显著
2011—2015 年		0.905	0.900	下降,显著

郑明等在计算上海市三种主要能源品种（煤炭、成品油、天然气）消费比重与污染物年均质量浓度的 Spearman 秩相关系数后得出结论：2001—2015 年由煤炭消费产生的三种污染都在下降，其中 NO_2、PM_{10} 下降显著；成品油消费产生的三种污染均在上升，其中 NO_2 污染加剧最显著，而 SO_2 污染的上升不是很明显；天然气消费产生的三种污染均处于上升的态势，其中产生的污染最为严重的是

① 郑明，马宪国.上海能源消费对大气环境的影响分析[J].上海节能,2015(1)：26—28.

PM_{10}（见表 3—2）。这说明，"硫化物污染更多来源于燃煤，成品油消费产生的污染更多的是在氮氧化物上，而天然气消费则是细颗粒物的重要污染源"。（郑明等，2015）[1]

表 3—2　　　　　　　　　能源比重与污染物相关系数（2001—2015 年）

秩相关系数	煤炭	燃油	天然气
NO_2	−0.902	0.811	0.908
SO_2	−0.457	0.024	0.489
PM_{10}	0.921	0.721	0.958

3.4.3　碳排放对水生态品质的影响

如前所述，与高碳经济相伴的不仅是大量的碳排放，还有大量水资源利用和废水排放，致使水生态品质下降。如上海 2000 年全市总供水量为 111.86 亿立方米，市总用水量为 108.40 亿立方米，比 1999 年增加 0.32%，其中电力工业用水量为 65.84 亿立方米，一般工业用水量为 12.82 亿立方米，居民生活用水量为 6.82 亿立方米，公共生活用水量为 7.61 亿立方米，农业灌溉用水量为 15.31 亿立方米。同时，2000 年全市废（污）水排放量为 19.83 亿立方米，其中工业废（污）水排放量为 8.96 亿立方米，生活污水排放量为 10.87 亿立方米；全市污水处理总量为 10.93 亿立方米，每天污水处理量为 299.4 万立方米。

1998 年上海评价河流的全长为 478.4 千米，其中Ⅲ类、Ⅳ类、Ⅴ类、劣Ⅴ类水分别占 5.9%、37.9%、38.5% 和 17.7%（见表 3—3），89.1% 的河水在非雨季被污染，100% 河水在雨季被污染，其中重污染河水在雨季和非雨季分别为 56.2% 和 72.0%[2]。2000 年度本市主要骨干河道总评价河长仍然为 478.4 千米，其中Ⅲ类河长为 32.5 千米，占 6.8%；Ⅳ类河长为 197.8 千米，占 41.4%；Ⅴ类河长 113.0 千米，占 23.6%，劣于Ⅴ类河长为 135.1 千米，占 28.2%。可见，2000 年上海的河水污染情况比 1998 年有所上升。

---

① 郑明，马宪国. 上海能源消费对大气环境的影响分析[J]. 上海节能，2015(1)：26—28.
② 上海环境年鉴编委会. 上海环境年鉴[M]. 上海：上海人民出版社(历年).

表 3—3　　　　　　　　　　　上海 1949—2015 年废水排放　　　　　　　单位：100M t

年份	废水排放	年份	废水排放
1949	3.029 5	1997	21.10
1963	6.935	1998	20.81
1976	10.95	1999	20.28
1981	14.110 5	2000	19.37
1982	13.293 5	2001	19.50
1983	14.016 1	2002	19.21
1984	14.410 3	2003	18.22
1985	14.992 1	2004	19.34
1986	14.549 4	2005	19.97
1987	14.885 2	2006	22.37
1988	14.019 3	2007	22.66
1989	13.321 8	2008	22.60
1990	13.320 0	2009	23.05
1991	13.25	2010	24.82
1992	13.70	2011	19.86
1993	20.315 3	2012	22.05
1994	20.365 9	2013	22.30
1995	22.45	2014	22.12
1996	22.85	2015	23.04

资料来源：中华人民共和国环保部. 中国环境统计年报[M]. 北京：中国环境出版社(历年). 中华人民共和国环保部. 中国环境年鉴[J]. 北京：中国环境出版社(历年)。

注：本表中 1976—1991 年废水排放为工业废水，其余年份为工业废水和生活废水。

2015 年上海全市取水总量和用水总量为 76.64 亿立方米。按用水性质分，农业用水为 14.24 亿立方米，火电工业用水为 26.69 亿立方米，一般工业用水为 10.75 亿立方米，城镇公共用水为 11.63 亿立方米，居民生活用水为 12.51 亿立方米，生态环境用水为 0.82 亿立方米。在所有的用水中，火电用水占 38.4%。同年，上海市城镇排出的污水总量为 23.04 亿立方米(其中工业污水量为 5.60 亿立方米，生活污水量为 17.44 亿立方米)，折合日均城镇污水量为 631.30 万立方米。其中,中心城区排放量为 430.08 万立方米/日,郊区排放量为 201.22 万立方米/日。到 2015 年底,上海城镇共有污水处理厂 53 座(其中有 3 座 2015 年完成扩建),总设计规模为 794.6 万立方米/日,全年平均实际污水处理量为 586.15 万立方米/日,污水处理率为 92.8%,比上年增加 3 个百分点,其中中心城区污水处理率为 96.6%,郊区城镇污水处理率为 84.7%[①]。

2014 年,上海全部评价河流长度为 719.8 千米,其中Ⅲ类、Ⅳ类、Ⅴ类和劣Ⅴ类河水分别占 42.2%、15.3%、9.8% 和 32.7%。尽管中心城区的主要河流依然是Ⅴ类和劣Ⅴ类水,但全市Ⅴ类及劣Ⅴ类水比 1998 年减少了 13.7%。

2015 年上海市全部评价河流长度仍为 719.8 千米。根据《地表水环境质量标准》(GB 3838—2002),2015 年全年优于Ⅲ类水(含Ⅲ类,下同)的河长为 330.8 千米,占评价总河长的 46.0%;Ⅳ类水河长为 80.9 千米,占 11.2%;Ⅴ类水河长为 103.8 千米,占 14.4%;劣Ⅴ类水河长为 204.3 千米,占 28.4%;水质污染以有机污染为主,主要污染项目为氨氮和高锰酸盐。

显然,2014 年和 2015 年上海的水环境和河流系统的新陈代谢均比 1998 年有所改善,水生态质量有所提高,但超过一半的河流仍受到污染,水生态品质仍较为低下。

由于大量的陆地污水最终被排入近海(上海现在已有 19 个排污口直排近海,规划中还有更多的排污口直通近海),上海近海水生态仍在加重污染中。2016 年上海市监测的 19 个沿江沿海陆源入海排污口共排放污水 19.6 亿立方米。这些污水中含有的化学需氧量(COD)约为 3.7 万吨,总氮约为 2.2 万吨,总磷约为 0.10 万吨,重金属(铜、锌、铅、镉、汞)约为 0.010 万吨,较 2015 年减少 3.0%。然而,2016 年上海陆源入海排污口合计监测 114 次,其中有 31 次超标,超标要素主要为悬浮物、大肠菌群等。综合评价结果显示,这些排污口中有 16 个是 C 级,3 个是 D 级,其中石洞口、竹园、白龙港和金山排海污水处理厂排污口邻近海域水体中化学需氧量、重金属等符合功能区要求的第四类标准,无机氮、活性磷酸盐劣于第四类标准,各邻近海域沉积物质量均符合功能区要求的第二类标准。由此可见,虽然近年来上海污染物排放浓度有降低的趋势,但近海污染还相当严重(上海

---

① 　上海环境年鉴编委会. 上海环境年鉴[M]. 上海：上海人民出版社(历年).

市水务局,2016)[1]。

3.4.4　碳排放对土壤生态品质的影响

高碳经济对土壤生态品质的影响主要表现在以下两个方面:一是灌溉污水和被动型污水消纳,使部分土壤的重金属及相关污染物过度集聚;二是大量使用CO_2排放密集型投入品,如化肥、农药等引起土壤重金属超标、农药残留等,对土壤生态造成污染和破坏。

1987年上海市环境监测中心、华东师范大学和上海农科院对上海市土壤背景值再次进行调查,结果表明:"上海土壤中除汞、镉、硒3种元素的最大值超出全国土壤95%的置信范围值外,其余10种元素的变幅均在全国土壤95%的置信范围值内。同时,除砷外,其他12种元素的背景值均高于全国的背景值,汞的含量为全国土壤背景值的2.42倍,镉为1.52倍"(何瑶,2009)[2]。

2008年孟飞等对上海土壤情况的研究结果表明:与1991年土壤背景值比较,上海农田土壤中As的平均含量呈降低趋势,而其余重金属含量皆有不同程度的增加,尤其是Zn、Cd、Cr的平均含量分别达到106.2 mg/kg、0.196 mg/kg和85.6 mg/kg,远高于其背景值86.10 mg/kg、0.132 mg/kg和75.0 mg/kg,这可能与大量施用磷肥、有机肥、农药、污染灌溉水等有关;7种重金属元素中,除Ph含量没有超过国家《土壤环境质量标准》(GB 15618—1995)二级标准限值外,其余土壤重金属均有个别地方的含量超过了二级标准限值(孟飞等,2008)。[3]

2005年上海对全市8区县27个乡镇38个可疑污染区的11 360亩土地进行甄别,发现:14.9%的土地被污染,而河道底泥、工业排污、城市垃圾、含重金属农药的使用是主要的污染因素(成云峰等,2008)。

2007—2008年上海对土壤质量定位监测点的抽样调查研究显示:95%的土壤符合绿色食品产地的环境技术条件(NY/T 391—2000),97%符合NY 5010—2001土壤环境质量标准,5%的土壤被污染(主要是镉、汞、铜、锌复合污染,铜污

---

①　上海水务局. http://swj. sh. gov. cn/.

②　何瑶. 上海市表层土壤/沉积物中重金属元素分布特征及现状评价[D]. 同济大学硕士学位论文, 2009.

③　孟飞,刘敏,史同广. 上海农田土壤重金属的环境质量评价[J]. 环境科学,2008(2):428—433.

染和汞污染)(成云峰等,2008)。[①]

上海的滩涂土壤生态品质下降严重,与高碳经济活动有关。上海滩涂湿地土壤质量指数最高的是九段沙湿地,为 0.521 6,岛屿周缘边滩(长兴岛周缘边滩除外)土壤质量指数较大陆边滩土壤质量指数也相对较高,是因为与大陆边滩周围工业、渔业以及货运等频繁有关。相比较而言,长兴岛周缘边滩的土壤指数较低,"主要是因为中船江南重工股份有限公司位于这里,该重工业给长兴岛滩涂湿地的环境容量带来了巨大的压力,造成了一定的污染。同时,长兴岛东部边滩、横沙岛边滩以及崇明南部边滩,有部分养牛户将牛在此放养。由于牛群数量大,牛的觅食与践踏对滩涂土壤带来一定影响"(谭娟等,2012)。[②]

此外,围海造地也是上海土壤生态品质恶化的重要原因。"自 1950 年以来,上海市政府组织大量人力物力,多次对长江口滩涂进行大规模圈围",以致"滩涂宽度变窄,自然植被遭到破坏,潮浸频度提高,滩涂土壤退化,滩涂土壤质量受到一定影响"(谭娟等,2012)。[③]

目前,上海滩涂大多被开发利用,未利用的沿海滩涂仅剩下 7 254.76 公顷,内陆滩涂仅剩下 2 316.43 公顷,草地仅剩 638.77 公顷,裸地仅剩 424.41 公顷,合计仅有 10 634.37 公顷。这严重影响了上海碳汇的"生产、供给和提高"。未来上海应通过滩涂促淤、坑塘整理、乡间道路清理、宅基地和抵消工业用地整理等,保证林业、滩涂湿地的扩大,以促进碳汇、增加生态品质。

总之,从长远的和全球的尺度来看,碳排放及其伴生污染物排放加剧了地球暖化,催生了巨大的生态风险,降低了全球生态品质。从近期和上海地方来看,化石燃料燃烧伴随着 CO_2、SO_2、NO_X、PM_X 等废气排放,污染了大气。同时,碳排放密集型产业活动在释放大气污染物的同时,伴排的其他污染物也加剧了地下水和地表水污染,危及居民的饮水安全;高碳投入的农业加剧了土壤污染和食品安全威胁,从而引致上海生态质量下降和生态品质降低。因此,碳排放及伴随污染

---

① 成云峰,赵茜,宣岩芳,曹林奎.上海发展节约型农业的基本模式研究[J].上海交通大学学报(农业科学版),2008(6):592—598.

② 谭娟,王卿,黄沈发,王敏,沙晨燕.上海市滩涂湿地土壤质量评价[J].广东农业科学,2012(23):163—167.

③ 谭娟,王卿,黄沈发,王敏,沙晨燕.上海市滩涂湿地土壤质量评价[J].广东农业科学,2012(23):163—167.

是危及上海、全国乃至全球生态品质的关键因素。

3.5 城市高碳经济发展及其对居民的福利影响

3.5.1 碳排放与居民健康风险

城市高碳经济发展模式造成的环境污染给居民带来了严重的健康风险,如农地系统污染严重影响了农产品的生态安全,大气污染严重影响了空气的质量安全,水污染严重影响了居民饮用水的质量安全,从而使居民面临相关疾病的威胁。

目前我国生态系统中,大气系统的生态问题十分突出,对居民的健康威胁也十分明显。如根据 OECD 数据库资料,1990—2015 年全国每百万人中因暴露在室外 $PM_{2.5}$ 中的死亡人数从 811.156 人变为 790.572 人,这个数量远超 OECD、G7 国家和世界平均水平,也高于美国、英国、日本、韩国、加拿大、德国、芬兰、意大利、巴西等国家,仅仅优于印度和俄罗斯(见表 3—4)。

表 3—4   每百万居民中中国及部分国家因暴露在室外 $PM_{2.5}$ 中的死亡人数

国别(组织)	1990 年	1995 年	2000 年	2005 年	2010 年	2015 年	2020 年[①]
中国	811.156	793.195	811.66	804.906	808.075	790.572	2 833
OECD	483.611	442.582	401.361	367.611	338.805	368.259	999
美国	424.59	402.686	376.222	338.536	269.653	275.183	1 514
英国	747.156	681.64	585.661	489.013	420.285	421.078	1 181
日本	307.964	323.841	329.64	377.023	396.769	478.875	720
韩国	351.841	303.097	279.454	272.572	279.207	358.845	741
加拿大	254.757	245.0	230.829	221.872	187.575	195.991	825
德国	370.23	350.263	328.251	291.829	283.189	313.539	1 105
芬兰	429.744	365.11	317.566	270.758	268.36	283.266	714
意大利	519.323	491.355	463.49	420.44	415.581	547.388	704

---

① 2020 年数据为暴露在环境风险中的死亡率。

续表

国别(组织)	1990 年	1995 年	2000 年	2005 年	2010 年	2015 年	2020 年
G7	464.627	433.757	401.112	371.791	337.165	370.901	1 117
巴西	287.844	288.625	287.805	255.611	223.084	260.274	867
俄罗斯	900.475	1 092.017	1 073.312	1 098.553	966.606	936.195	—
印度	848.708	831.94	822.497	794.824	793.779	850.28	2 516
世界	653.413	636.529	619.151	603.973	570.362	579.007	1 529

资料来源：OECD 数据库. http://stats.oecd.org/。

燃煤是导致空气质量转差的最大原因。2017 年 9 月《美国国家科学院院刊》(PNAS)发表的一项研究指出,中国以秦岭淮河为界的供暖政策使得中国北方的大气污染浓度比南方高了 46%。而大气中的 PM_{10} 每增加 10 微克/立方米,人的预期寿命就会减少 0.6 年(佚名,2017)。[①] 据世界卫生组织(WHO)的统计,每年由于空气污染致死的人达 650 万,多于艾滋病、哮喘和交通事故死亡人数之和。2015 年中国由于空气污染问题引起的人均寿命损失达 25 个月,而印度则为 23 个月(第一财经研究院,2016)。[②]

目前,中国针对空气质量问题出台的强力政策已开始奏效。据有关专家预测,在包含最新政策和 COP21 气候承诺的新政策情景下,中国的三大空气污染物(颗粒物 $PM_{2.5}$、SO_2 和 NO_X)排放会持续降低。清洁空气情景对健康的好处明显。在清洁空气情景中,2040 年各国人口因空气污染而导致的平均寿命缩短的时间将有所减少,其中我国人口平均寿命因空气污染缩短的时间将仅为 10 个月,比 2015 年减少 15 个月。

近年来,上海在控制能源消费迅速增加的同时,加大了污染治理,PMx、SO_2、NO_2 年均浓度呈现下降趋势。如 2013 年上海 $PM_{2.5}$、PM_{10}、N_2O 和 SO_2 的年均浓度依次为 62 $\mu g/m^3$、82 $\mu g/m^3$、48 $\mu g/m^3$ 和 24 $\mu g/m^3$,2016 年分别下降到 45 $\mu g/m^3$、59 $\mu g/m^3$、43 $\mu g/m^3$ 和 15 $\mu g/m^3$。但 $PM_{2.5}$、PM_{10}、N_2O 的数值依然高于世卫组织推荐的 10 $\mu g/m^3$、20 $\mu g/m^3$、40 $\mu g/m^3$。

[①]　佚名. 美研究：供暖政策加重污染让中国北方预期寿命比南方少 3 年[EB/OL]. 2017—09—14. https://www.guancha.cn/life/2017_09_14_427066.shtml

[②]　第一财经研究院. 空气污染有多折寿[N]. 第一财经日报,2016—07—14.

对上海的研究表明,碳排放的伴生污染物(PM_{10}/$PM_{2.5}$/SO_2/N_2O/O_3)每增加 10 $\mu g/m^3$,居民死亡率将分别提高 0.35%/0.40%/0.75%/1.63 和 0.32%;CO 浓度每增加 1 mg/m^3,居民死亡率将增加 2.89%(陈仁杰,2013)。[①] 这与对居民危害与发达国家的研究结果基本一致。如从暴露在环境风险中百万人中死亡人数看,中国为 2 833 人,高于世界平均水平,明显低于发达国家水平(见表 3—4)。

3.5.2　碳排放引致的经济损失

目前,上海市城区大气污染及总体污染水平仍然很高,生态品质仍在下降,对居民健康的影响仍在持续,造成的经济损失的绝对数量仍在增加。如 2001 年上海市城区大气颗粒物污染造成的经济损失为 51.5 亿元,占上海当年 GDP 的 1.03%,总的生态损失达 402.01 亿元,占当年 GDP 的 7.72%,人均损失量达到 2 409.7 元(阚海东等,2004)[②],其中 NO_x、SO_2 和 TSP 等大气污染物超标造成的损失分别为 4.20 亿元、1.50 亿元和 0.86 亿元(彭希哲等,2002)[③]。2009 年上海市霾污染因子 $PM_{2.5}$ 造成的经济损失为 72.48 亿元,全部生态损失上升到 493.41 亿元,占上海市当年 GDP 的 0.49% 和 3.31%(赵文昌,2012)[④]。2015 年上海城区的大气污染损失和生态总损失分别为 322.11 亿元和 817.87 亿元,分别占 GDP 的 1.28% 和 3.25%,人均损失量达 3 386.3 元。

3.5.3　碳排放对居民幸福感的影响

曹大宇等(2012)[⑤]利用 CGSS2 对全国 18 个省会城市 10 000 多个样本在高碳经济发展模式下的幸福感情况进行了研究,结果显示:居民的宏观边际支付意愿为－700 元,这表明 N_2O 的浓度每上升 1 微克/立方米,需要对居民补偿 700

① 陈仁杰.复合型大气污染对我国 17 城市居民健康效应研究[D].复旦大学博士学位论文,2013.

② 阚海东,陈秉衡,汪宏.上海市城区大气颗粒物污染对居民健康危害的经济学评价[J].中国卫生经济,2004,23(2):8—11.

③ 彭希哲,田文华,梁鸿.上海市空气污染造成人群健康经济损失的研究[J].复旦学报(社会科学版),2002,2:105—111.

④ 赵文昌.空气污染对城市居民的健康风险与经济损失的研究[D].上海交通大学博士学位论文,2012.

⑤ 曹大宇.生活满意度视角下的环境与经济协调发展[M].北京:中国农业科学技术出版社,2012:72—74.

元,这相当于城市人均 GDP 的 2.5%。2003 年、2005 年和 2006 年的数据分析表明,宏观和微观层面 N_2O 浓度对城市生活满意度有负面影响,微观支付意愿为 300 元,相当于人均收入的 0.94%。超边际分析表明,N_2O 浓度从 44.55 微克/立方米降低到 40 微克/立方米(国家一级空气质量标准)的居民宏观支付意愿为 2 476 元,相当于样本城市平均收入的 8.8%;微观支付意愿平均为 2 593,相当于样本城市人均家庭收入的 8.2%,即宏观满意度支付函数和微观满意度支付函数大体一致。这充分表明,碳减排会明显提高居民的生态福利水平,进而增加居民的幸福感。

第4章　上海碳排放动力结构及其对生态品质的影响

4.1　碳排放的动力

当前关于上海碳排放计算因口径不同,计算的出发点不同,选用的参数不同,计算出来的各年排放量存在很大差异,但反映的基本趋势是趋同的。本书对碳排放驱动力的分析,主要从能源消费引致的碳排放角度来考察。上海的碳排放主要来自化石能源消费,来自水泥使用、生态呼吸、化肥农药的使用以及土壤和牲畜的排放等。1990—2015 年上海能源二氧化碳排放占全部 CO_2 排放的比重达 75%~85%。

限于细类数据的不足,本书仅从化石能源排放变化的角度分析碳排放动力,并分析其是否具有合理性。具体而言,本书主要计算农业、工业、建筑业、服务业及城市家庭和农村家庭的最终能源消费,同时考虑一次能源转化成电力和热力及其他形式能源过程中的能源消费,不考虑生产、生活、能源转换中的能源损失等因素,暂时不考虑土壤、化肥农药等农业投入、水泥使用等因素。

4.1.1　研究方法：LMDI 模型

与能源相关的碳排放可以表达为:

$$C = \sum_{i=1}^{n} E_i \times \mu_i \times \delta_i \tag{1}$$

式中，$i(i=1, 2, 3, \cdots, 19)$ 表示能源类型，E_i 表示消费 i 种能源的数量，μ_i 表示能源 i 的标煤换算系数，δ_i 表示能源 i 的碳排放系数。在本书中，电力热力因为消费时没有直接的碳排放，其排放系数为 0，其他 17 种能源类型的碳排放系数来自 IPCC[29]，标煤换算系数来自《中国能源统计年鉴》。其中，原煤的碳排放系数最高，电力热力的碳排放系数最低。

　　能源相关的碳排放主要来自生产部门、家庭和能源转换，可以将这三大部门的 CO_2 排放归结为 11 个因素。考虑到能源在这三大部门中的消费差异，可将这 11 个因素分解在这三大部门中分别进行研究。生产部门的碳排放主要受到能源密度（决定于能源利用的技术水平）、能源消费结构、能源消费量的影响。能源转换是将一次能源转化为不同的油品、碳品、电力、热力等，其排放决定于总能源转换量（TET）、能源转换的部门结构（TSE）和能源转换的种类结构（EST）。

　　根据 Ang 等（2000，2001，2004，2005）[①]提出的 LMDI 模型，可将能源消费和转换带来的 CO_2 排放表达为：

$$
\begin{aligned}
C =& \sum_{ij} GDP \times \frac{Q_i}{GDP} \times \frac{E_i}{Q_i} \times \frac{E_{ij}}{E_i} \times \frac{C_{ij}}{E_{ij}} + \sum_{ik} P \times \frac{P_k}{P} \times \frac{E_k}{P_k} \times \frac{E_{ik}}{E_k} \times \frac{C_{ik}}{E_{ik}} + \\
& \sum_{in} E_{tr} \times \frac{E_n}{E_{tr}} \times \frac{E_{in}}{E_n} \times \frac{C_{in}}{E_{in}} \\
=& \sum_{ij} ES \times IS_i \times EI_i \times ESP_{ij} \times \delta_{ij} + \sum_{ik} PS \times URPDS_k \times ECPC_k \times \\
& ESH_{ik} \times \delta_{ik} + \sum_{in} TET_{tr} \times ETS_n \times TES_{in} \times \delta_{in}
\end{aligned}
\tag{2}
$$

其中，C_{ij} 为部门 $j(j=1, 2, 3, \cdots, 6)$ 消费能源 $i(i=1, 2, 3, \cdots, 19)$ 排放的 CO_2 数量；C_{ik} 为区域 $k(k=1, 2$：城市或农村）消费能源 i 排放的 CO_2 数量；C_{in} 为能源 i 在能源转换部门 n 转换中释放的 CO_2；E_i 为在生产部门中能源 i 的消费量；E_{ij} 为生产部门 j 消费的能源数量；E_k 为区域 $k(k=1, 2$：城市或农村）消费的

　　① Ang, B. W., Zhang, F. Q., 2000. A survey of index decomposition analysis in energy and environmental studies[J]. Energy, 25 (12), pp. 1149—1176；Ang, B. W., Liu, F. L., 2001. A new energy decomposition method：perfect in decomposition and consistent in aggregation[J]. Energy, 26 (6), pp. 537—548；Ang, B. W., 2004. Decomposition analysis for policymaking in energy：which is the preferred method？ [J]. Energy Policy, 32(9), pp. 1131—1139；Ang, B. W., 2005. The LMDI approach to decomposition analysis：a practical guide[J]. Energy Policy, 33 (7), pp. 867—871.

能源数量；E_{ik} 区域 k（城市或乡村）消费的能源 i 的数量；EI_j 为部门 j 的能源密度；E_{tr} 为全部的能源转换量；E_n 为能源转换部门 n 的转换量；E_{in} 为能源转换部门 $n(n=1,2,3)$ 中的能源转换量；P 为人口数量；P_k 为区域 $k(k=1,2$；城市或农村）的人口；Q_j 为部门 j 的产出；$\delta_i(\delta_{ij}，\delta_{ik}$ 和 $\delta_{in})$ 代表不同的能源转换系数。

根据公式（2），能源驱动的 CO_2 排放可以分为 11 个影响因素：ES（经济规模），IS（产业结构），EI（能源密度），ESP（生产部门的能源消费结构），PS（人口规模），$URPDS$（城乡人口结构），$ECPC$（人均能源消费），ESH（家庭能源消费结构），TET（能源转换量），TSE（能源转换的部门结构）和 EST（转换能源中的能源种类结构）。据此，从年 a 到年 b 的 CO_2 排放（ΔC）可以表示为：

$$\Delta C = C_b - C_a = \Delta C_{ES} + \Delta C_{IS} + \Delta C_{EI} + \Delta C_{ESP} + \Delta C_{PS} + \Delta C_{URPDS}$$
$$+ \Delta C_{ECPC} + \Delta C_{ESH} + \Delta C_{TET} + \Delta C_{TSE} + \Delta C_{EST} \tag{3}$$

其中，ΔC 为从 a 年到 b 年的碳排放变化；C_b 表示 b 年的碳排放量；C_a 表示 a 年的碳排放量；ΔC_{ES} 表示 ES 变化引起的碳排放变化；ΔC_{IS} 表示 IS 变化引起的碳排放变化；ΔC_{EI} 表示 EI 变化引起的碳排放变化；ΔC_{ESP} 表示 ESP 变化引起的碳排放变化；ΔC_{PS} 表示 PS 变化引起的碳排放变化；ΔC_{URPDS} 表示 $URPDS$ 变化引起的碳排放变化；ΔC_{ECPC} 表示 $ECPC$ 变化引起的碳排放变化；ΔC_{ESH} 表示 ESH 变化引起的碳排放变化；ΔC_{TET} 表示 TET 的变化引起的碳排放变化；ΔC_{TSE} 表示 TSE 变化引起的碳排放变化变化；ΔC_{EST} 表示 EST 变化引起的碳排放变化。

根据 LMDI 模型的可加性，公式（3）可以改写为：

$$\Delta C_{ES} = \sum_{ij} \frac{C_{ij}^b - C_{ij}^a}{\ln C_{ij}^b - \ln C_{ij}^a} \ln\left(\frac{GDP^b}{GDP^a}\right) \tag{4}$$

$$\Delta C_{IS_j} = \sum_{ij} \frac{C_{ij}^b - C_{ij}^a}{\ln C_{ij}^b - \ln C_{ij}^a} \ln\left(\frac{IS_i^b}{IS_i^a}\right) \tag{5}$$

$$\Delta C_{EI_j} = \sum_{ij} \frac{C_{ij}^b - C_{ij}^a}{\ln C_{ij}^b - \ln Ca_{ij}^a} \ln\left(\frac{EI_i^b}{EI_i^a}\right) \tag{6}$$

$$\Delta C_{ESP_{ij}} = \sum_{ij} \frac{C_{ij}^b - C_{ij}^a}{\ln C_{ij}^b - \ln C_{ij}^a} \ln\left(\frac{ESP_{ij}^b}{ESP_{ij}^a}\right) \tag{7}$$

$$\Delta C_{PS} = \sum_{ki} \frac{C_{ik}^b - C_{ik}^a}{\ln C_{ik}^b - \ln C_{ik}^a} \ln\left(\frac{PS^b}{PS^a}\right) \tag{8}$$

$$\Delta C_{URPDS} = \sum_{ki} \frac{C_{ik}^b - C_{ik}^a}{\ln C_{ik}^b - \ln C_{ik}^a} \ln\left(\frac{URPDS_K^b}{URPDS_K^a}\right) \tag{9}$$

$$\Delta C_{ESH_k} = \sum_{ki} \frac{C_{ik}^b - C_{ik}^a}{\ln C_{ik}^b - \ln C_{ik}^a} \ln\left(\frac{ESH_K^b}{ESH_K^a}\right) \tag{10}$$

$$\Delta C_{ECPC} = \sum_{ki} \frac{C_{ik}^b - C_{ik}^a}{\ln C_{ik}^b - \ln C_{ik}^a} \ln\left(\frac{ECPC_{Ki}^b}{ECPC_{Ki}^a}\right) \tag{11}$$

$$\Delta C_{TET} = \sum_{in} \frac{C_{in}^b - C_{in}^a}{\ln C_{in}^b - \ln C_{in}^a} \ln\left(\frac{TET^b}{TET^a}\right) \tag{12}$$

$$\Delta C_{TSE} = \sum_{in} \frac{C_{in}^b - C_{in}^a}{\ln C_{in}^b - \ln C_{in}^a} \ln\left(\frac{TSE_n^b}{TSE_n^a}\right) \tag{13}$$

$$\Delta C_{EST} = \sum_{in} \frac{C_{in}^b - C_{in}^a}{\ln C_{in}^b - \ln C_{in}^a} \ln\left(\frac{EST_{in}^b}{EST_{in}^a}\right) \tag{14}$$

在上述各式中，a 和 b 分别代表起始年份和终止年份。

4.1.2　计算结果及分析

计算结果表明，1995 年以来上海碳排放在逐步增加的同时，其排放结构不断发生变化。上海碳排放主要来自能源消费，其中商业、交通、热电和制造业的碳排放占全部 CO_2 排放的 80% 以上，是对上海 CO_2 排放贡献最大的三个部门，且排放总量不断上升。目前，上海来自电力、交通运输等部门的 CO_2 排放仍在急速上升；来自制造业的 CO_2 排放尽管仍处于增长状态，但速度在放缓；来自商业、城市居民生活等部门的 CO_2 排放量虽然占总排放量的比例不大，仍呈不断上升的态势（见表 4—1 和图 4—1）。

表 4—1   上海能源碳排放趋势   单位：万吨

年份 内容	1995	2000	2005	2010	2015
农业	47.70	99.60	107.12	60.03	41.20
工业	2 871.30	3 450.21	3 200.85	3 715.65	3 670.64
建筑	24.44	90.86	190.11	193.43	225.10
交通运输	355.07	746.33	1 821.87	2 694.37	3 030.68
批发零售与邮电仓储	36.57	63.84	207.53	372.44	408.99
其他产业部门	78.24	174.14	242.38	536.42	557.58
城市家庭消费	125.74	194.04	247.10	452.22	531.10
农村家庭消费	156.72	137.37	136.53	160.22	150.07
电力	2 197.44	2 912.49	4 063.84	5 186.20	5 414.02
供热供水	313.38	285.76	423.92	483.74	482.55
其他能源转化部门	445.36	68.43	208.74	511.28	200.08
合计	6 651.96	8 223.07	10 850	14 366.01	14 712.00

资料来源：国家统计局.中国能源统计年鉴[J].北京：中国统计出版社(历年).

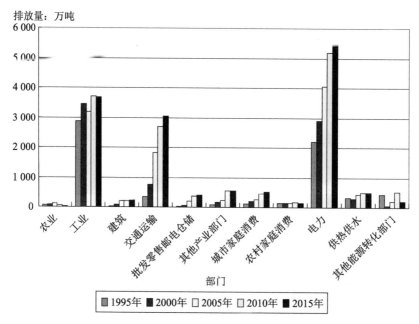

图 4—1   不同部门的 CO_2 排放量及变化趋势

从 CO_2 排放的动力来看,经济规模、能源转换规模、人均能源消费、人口规模等因素变化是上海 CO_2 排放量增加的重要动力;而能源密度、转换能源的种类结构、城乡人口结构、家庭能源消费结构是促进减排 CO_2 排放的主要动力;产业结构、能源转换的部门结构、生产部门的能源消费结构对 CO_2 排放的作用具有不确定性,有时促进排放,有时促进减排(见图 4—2)。

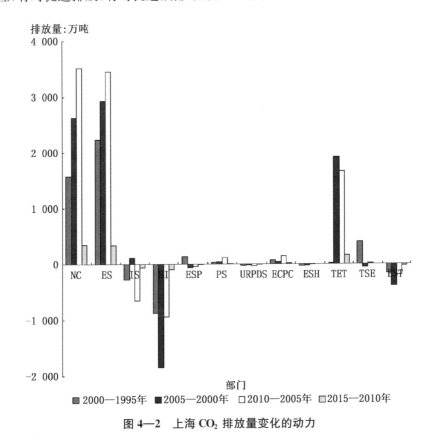

图 4—2　上海 CO_2 排放量变化的动力

总之,经济规模(ES)、人口规模(PS)、能源转换的规模(TET)和城镇居民人均能源消费(ECPC)等因素会促使上海生态品质下降,能源密度(EI)、能源结构(ESP、EST、ESH)、城乡居民结构(URPDS)等因素会改善上海生态品质,经济结构(IS)、能源转换结构(E_{tr})对上海生态品质的影响具有非一致的同向性。由此可见,加强技术创新、改善能源结构是持续提升上海生态品质的根本因素。

近年来,上海产业结构调整和升级主要表现为第二产业比重下降,第三产业比重上升。需要注意的是,第三产业的交通运输、宾馆饭店办公等是服务业中的排碳密集型产业。另外,近年来上海经济活动的能源密度下降较快,但经济总量的快速扩张带来的排放增量很大。上海的周边输入性污染亦成为生态质量下降的重要因素,如 $PM_{2.5}$ 在雾霾生成条件下会有 1/4 左右的污染物来自外源输入。

4.2 上海的低碳发展趋势及低碳弹性分析

低碳发展弹性是衡量低碳经济发展变量与污染物减量相对变化的比值。此弹性系数越大,表明改变这类低碳经济发展变量所产生的污染物的相对变化越明显,这为经济政策的制定提供了重要的参考。

低碳弹性的计算公式为:

$$E_i = \frac{\Delta LC}{\Delta PE_i} = \frac{\dfrac{(LC_t - LC_0)}{(LC_t + LC_0)/2}}{\dfrac{(PE_{it} - PE_{i0})}{(PE_{it} + PE_{i0})/2}}$$

其中,E_i 为污染物 i 的低碳发展弹性,ΔLC(GDP 与对应年份化石能源引致的 CO_2 排放量比值的变化)、ΔPE_i 分别为低碳变化和 i 污染物的变化,PE_i 为污染物 i 的排放量,0 和 t 为起始时间和结束时间。

表 4—2 显示,上海 2010—2013 年、2013—2015 年 E_{NO_X}、E_{SO_2}、$E_{PM_{2.5}}$、$E_{PM_{10}}$、E_{cod} 的低碳弹性系数由小变大,优良天数和空气质量指数的弹性为负值,说明低碳发展对大气和水污染物的减排起到明显的作用且在加强,这有利于提高大气和水的生态品质;2010—2013 年低碳发展对 $E_{PM_{10}}$、E_{cod} 的弹性为负值,说明其对 $E_{PM_{10}}$、COD 的减排控制仍然较弱,致使单位 GDP 的 CO_2 排放在减小,而这两项排放量却在增加;在 2010—2013 年、2013—2015 年、2010—2015 年这三个阶段中,E_{SO_2} 的弹性系数最大,表明低碳发展对 SO_2 的减排控制最有效;2010—2013 年 E_{SO_2}、$E_{PM_{2.5}}$、$E_{PM_{10}}$ 大于 1,说明低碳发展促使 SO_2、PM_{10} 和 COD 的减排适度超前发展,E_{GW}、E_{AQI} 小于 1,说明低碳发展对大气质量的改善幅度还较小,2010—2013 年的 E_{NO_X}、E_{SO_2},2013—2015 年的 E_{NO_X},2010—2015 年的 E_{NO_X}、$E_{PM_{10}}$、E_{cod} 也小于 1,说明低碳发展与 NOx、SO_2、PM_{10}、COD 的减排在对应阶段

没有同步发展,减排力度远小于低碳发展的步伐。寻找更有效的低碳发展之路,提高污染物减降幅度,是今后上海以低碳发展促进生态品质提升的重点。

表 4—2　　　　　　　　　　　低碳发展的主要污染物弹性分析

时间	E_{NOX}	E_{SO2}	$E_{PM2.5}$	E_{PM10}	E_{cod}	E_{GW}	E_{AQI}
2010—2013	0.157 1	0.726 1	—	−0.143 4	−0.267 0	—	—
2013—2015	0.444 9	3.569 7	1.636 3	1.800 0	1.771 2	−0.712 3	−0.718 9
2010—2015	0.235 9	1.476 6	—	0.382 5	0.284 0	—	—

注:E_{NOX}、E_{SO2}、$E_{PM2.5}$、E_{PM10}、E_{cod}、E_{GW}、E_{AQI} 分别表示 NO_x、$PM_{2.5}$、PM_{10}、COD、GW(优良天气)、AQI 的 CO_2 排放弹性。

表 4—3 显示,上海在 2010—2013 年、2013—2015 年和 2010—2015 年这三个阶段的碳汇弹性系数中,E_{NOXh}、E_{SO2h} 值小于零,表明碳汇增加对 E_{NOX}、E_{SO2} 的减排效应明显且在加强;2010—2013 年 E_{PM10}、E_{cod} 的值为正,说明碳汇增加带来的低碳化没有对 NO_x、$PM_{2.5}$ 的减降形成有力支持,而 2013—2015 年 E_{PM10h}、E_{codh} 变为较大的负值,说明以碳汇支持的低碳发展促进了 NO_x、$PM_{2.5}$ 的大幅度减降;2013—2015 年 E_{GWh}、E_{AQIh} 为大于 5 的正值,说明碳汇对优良天气和大气质量提升起了很大的促进作用;2010—2015 年 E_{NOXh}、E_{SO2h}、E_{PM10h}、E_{codh} 的值皆为负值,说明这段时间碳汇增加引致的相关污染物减排幅度远大于碳汇增加幅度,充分显示了碳汇建设在以低碳发展促进生态品质提升战略的巨大效应。

表 4—3　　　　　　　　　　　碳汇的主要污染物弹性分析

时间	E_{NOXh}	E_{SO2h}	$E_{PM2.5h}$	E_{PM10h}	E_{codh}	E_{GWh}	E_{AQIh}
2010—2013	−2.08	−9.63		1.90	3.54	—	—
2013—2015	−2.96	−23.76	−10.89	−11.98	−11.79	4.74	4.78
2010—2015	−2.45	−15.36	—	−3.98	−2.95	—	—

注1:本表中碳汇仅为森林、绿地和湿地碳汇,这是今后上海以增加碳汇来提升生态品质的主要方向。
注2:E_{NOXh}、E_{SO2h}、$E_{PM2.5h}$、E_{PM10h}、E_{codh}、E_{GWh}、E_{AQIh} 分别表示 NOx、$PM_{2.5}$、PM_{10}、COD、GW(优良天气)、AQI 指数的碳汇弹性。

综上所述,上海 CO_2 排放动力的分析,为如何最有效地实现低碳发展以推动生态品质的提升提供了基本方向,即应当最先从减排潜力大、减排成本低、减排效果明显的领域出发,着力减少温室气体的排放。从敏感性来看,碳汇的增加对大气污染物的减降效应远大于二氧化碳的减排效应,因此大力发展碳汇能力将是今后低碳发展的重要方向,也是提升生态品质的重要着力点。另外,由于本书的低碳发展是通过碳排放密度来表达的,低碳发展的阶段越高,单位产出的基本动力因素越是依赖低碳技术。因此,加强低碳技术的研发和推广,是持续推动低碳发展、提升生态品质的不竭动力。

4.3   上海碳排放的动力结构特征对生态品质的影响

目前在上海的碳排放部门中,农业、家庭的排放量大致平稳或略呈下降趋势,其对生态品质的负面影响自然也在减弱。依靠作物生长和土壤对碳的吸收,农业已成为重要的碳汇源。需要注意的是,农业能源消费引致的 GHG 排放虽然有所减少,但农业化肥、农药、农膜等物资的投入所引致的间接 CO_2 排放以及重金属污染对土地和水环境的破坏等还没有得到明显的控制,以致绿色食品比重较低。在以低碳农业提升农—地生态品质方面,依然任重而道远。

与此同时,上海其他部门的 CO_2 排放仍在迅速增长中,它们将进一步危及上海生态品质的提升。尤其是当前排放比重很高的电力、交通等部门的碳排放高速增长,是以低碳发展提升生态品质战略的重要障碍。特别是电力生产,其燃料依然是煤炭、重油等,排放的大气污染物、废水、废渣对大气、水生态品质的威胁依然严重,其衍生的酸雨和酸沉降对农地系统、水系统和森林系统生态品质的负面影响依然十分严峻。

交通运输部门是上海碳排放增速最快的部门。随着汽车继续快速走进家庭,在新能源/清洁能源汽车尚不普及的情况下,燃油燃气所带来的碳排放持续增加,对低层大气生态品质的负面影响日益加重。此外,上海的批发零售和供热供水等部门的碳排放增速较快,成为提升上海城市生态品质的重要障碍。

综上所述,近年来随着技术的进步和居民对生态品质问题的日益重视,上海 CO_2 及伴生物的排放数量得到了一定控制,但在目前的减量化 CO_2 及伴生污染物排放依然超出生态自净化能力的状态下,再加上历史污染的遗存与积淀,生态在破坏后的修复能力较小,上海生态品质的提升尚无法立竿见影地体现出来。

第5章　上海的低碳发展实践与生态品质评估

5.1　上海低碳发展的实践

5.1.1　上海碳排放的因子及其计算

根据上海温室气体排放清单,上海的碳排放主要来自土地、人口、垃圾、能源燃烧、污水排放、水泥生产等。各类碳排放量是排放因子和相应碳源的乘积,因此确定排放因子是首要一步。本书的碳排放因子主要根据 IPCC2007 年报告和有关研究而取定。

（1）土地排放

不同类型土地的碳排放系数见表5—1。

表 5—1　　　　　　不同类型土地碳排放系数（＋排放,－吸收）　　　单位：tha^{-1}·y^{-1}

土地类型	耕地	林地	草地	未利用地
地类碳排放/吸收系数	0.497	－4.87	－0.191	－0.005
地类 CO_2 排放/吸收系数	1.822	117.857	－0.7	－0.018

注：建设用地以能源排放系数估算。

资料来源：张旺.北京碳排放的格局变化与驱动因子研究[M].北京：新华出版社,2017：63.

（2）人口排放

人口排放采用宋永昌编著的《城市生态学》中的参数：成人排出 CO_2 的量为 0.9 千克/天。

（3）水泥排放

水泥生产采用 1990 年 ORNL 提出的计算方法：

$$CO_2＝水泥产量×0.136（水泥生产排放系数）$$

（4）垃圾排放

根据《IPCC 指南》，对垃圾填埋产生的 GHG 只需要计算 CH_4 排放，垃圾焚烧产生的 GHG 只需要计算 CO_2 排放。据此，本书中的垃圾碳排放计算方法为：

$$垃圾焚烧 CO_2＝排放因子×含碳量×44/12$$
$$垃圾填埋 CH_4＝排放因子×（含水率）×（甲烷捕获率）$$

其中，排放因子采用 IPCC 指南的缺省值；垃圾处理方式的比例、含碳率和含水量等垃圾 CO_2 排放因子参考刘阳生的研究确定（见表 5—2）。

表 5—2   垃圾碳排放因子

时间	焚烧率（％）	填埋堆肥率（％）	含碳率（％）	含水量（％）	IPCC 指南排放因子	
					CO_2	CH4
1995—2001	0	100	50	42	0.999 945	0.167 00
2002—2007	2	98	50	42	0.999 945	0.167 00
2008—2015	10	90	50	42	0.999 945	0.167 00

（5）污水排放

结合上海的实际情况，本书采用 IPCC 指南中的缺省值 0.25Tch4/tCOD 来测量上海的污水排放情况。污水中 N_2O 排放的计算方法为：

$$N_2O＝(P×蛋白质×F_{NPR}×F_{NON-CON}×F_{IND-COM})×EF$$

其中，P 为人口，蛋白质为每年蛋白质消耗（中国 28.11 千克/年）；F_{NPR} 为蛋白质中 N 比例，缺省值为 0.16；$F_{NON-CON}$ 为添加在污水中的非消耗蛋白质因子，缺省值为 1.4；$F_{\text{NON-COM}}$ 为共同排放下水道系统中工业废水和商业污水的蛋白质因子，缺省值为 1.25；EF 为 N_2O 排放因子，缺省值为 0.005 N_2O/tN（见表 5—3）。[①]

表 5—3　　　　　　　　　　　能源排放折算系数

能源	平均低位发热 KJ/KG/M³/KWH	潜在排放因子 TC/10¹²J	碳氧化率	Sce 折算系数 Kgsec/KG 或 MJ 或 KWH
原煤	20 934	26.8	0.922	0.714 3
洗精煤	26 377	25.8	0.94	0.9
其他洗精煤	8 274	25.8	0.94	0.428 6
型煤	20 500	33.6	0.90	0.60
焦炭	28 470	29.41	0.928	0.917 4
焦炉煤气	16 746	13.00	0.99	0.614 3
其他煤气	5 277	13.00	0.99	0.178 6
原油	41 868	20.08	0.979	1.428 6
汽油	43 124	18.90	0.98	1.471 4
煤油	43 124	19.60	0.986	1.471 4
柴油	42 750	20.17	0.982	1.457 1
燃料油	41 868	21.09	0.985	1.428 6
液化石油气	47 472	17.20	0.989	1.714 3
炼厂干气	46 055	18.2	0.989	1.571 3
天然气	35 588	15.32	0.99	1.33
其他石油制品	41 816	20.00	0.98	1.428 6
其他焦化产品	28 200	29.41	0.928	1.243 7
热力	—	—	—	0.034 12
电力	3 596			0.121 9

资料来源：IPCC. 2007.

本书中的其他数据主要来自《中国统计年鉴》《上海统计年鉴》《中国能源统计

---

① 李孟伟，陈清华．利用 IPCC 法分析湖南省畜禽养殖业温室气体排放趋势［J］．湖南饲料，2014(3)：8—11.

年鉴》《上海能源统计年鉴》《上海工业物资年鉴》《上海市农业志》《上海城市规划志》《上海环境保护志》。

5.1.2　上海碳汇及其计算

上海的碳汇来源主要包括林地、绿地、湿地、耕地、农作物、绿肥、海岸带及近海等,其基本计算方法是:各种碳汇面积/数量乘以碳汇因子。其中,林地/绿地的碳汇因子,参考武文婷对杭州市城市绿地固碳释氧价值量评估中绿地森林的碳汇估算因子;农地及绿肥的碳汇因子,来自上实东滩公司的实验;海岸带及近海碳汇计算,根据海洋科技界公认的东海海洋碳汇 2 500 万吨/年,按照每平方千米平均碳汇值估算,暂不考虑人工放流养殖等差异、近海和深海差异和不同年份差异。

数据主要来自《中国统计年鉴》、《上海统计年鉴》、《中国林业年鉴》、《中国环境年鉴》、《中国环境统计年鉴》、《中国环境统计年报》、《上海环境年鉴》、《湿地普查资料》、《上海环境年鉴》、《上海市农业志》、《中国湿地普查资料》、上海市林业局、上海市海洋局、上海市园林局、上海市气象局。

5.1.3　上海碳源碳汇计算结果及变化分析

计算结果显示,1990 年以来上海以 CO_2 当量衡量的 GHG 排放逐步增加,从 1990 年的 6 528.9 万吨上升到 2015 年的 17 462.3 万吨,增加 1.67 倍,年均增长 2.1%,相当于每年增加 437.3 万吨。其中,来自化石能源的碳排放占到总排放量的 75%~85%,且一直呈增加的趋势,是最大的碳排放源;垃圾、人口、水泥生产及种植业和畜牧业生产等是第二大碳排放源。种植业(非能源来源)的碳排放在逐步降低,来自水泥和畜牧业生产的碳排放则是先升后降。

从碳汇看,上海碳汇总量从 1990 年的 557.6 万吨上升到 2015 年的 690.5 万吨,增加幅度远小于碳源的增长。从来源看,上海碳汇主要来自农业和林地绿地湿地。尽管农业低碳化在逐步推进,农业碳汇却因农地的不断减少而减少,湿地碳汇量从 1990 年的 92.2 万吨减少到 2015 年的 75.3 万吨。相反,绿地林地碳汇却处于增加的状态,2009 年后由于大幅度提高了绿地林地建设,绿地林地碳汇进一步增加。1990 年上海的绿地林地碳汇为 99.3 万吨,2008 年增加到 139.7 万吨,2015 年增加到 329.4 万吨。如此,上海 CO_2 的净排放从 1990 年的 5 971.3 万吨上升到 2015 年的 16 771.8 万吨(见图 5—1)。

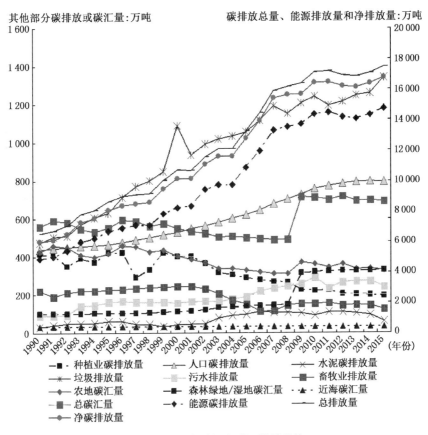

图 5—1　上海碳源和碳汇排放结构

上海的碳汇与沿海湿润地区大都市相比,规模很小。上述计算表明,要想使种植业成为净碳汇实属不易,但其低碳效应巨大:碳汇能力增加伴随着减少土壤及水污染,提高土壤和水生态品质,吸收烟尘,净化空气,提高大气生态质量,有利于食品安全和人身健康。

5.1.4　能源密度及碳排放密度的下降——经济低碳化进程分析

20 世纪 90 年代以来,上海经济发展主要表现为经济总量增长迅速。尤其是

20 世纪 90 年代邓小平同志南方谈话后,上海经济进入快速增长期。1990 年上海GDP 为 781.66 亿元(见图 5—2),人均 5 911 元人民币,相当于 1 234 美元;2016 年上海 GDP 增加到 25 123.25 亿元人民币,人均 103 795 元人民币,相当于16 665 美元[1]。

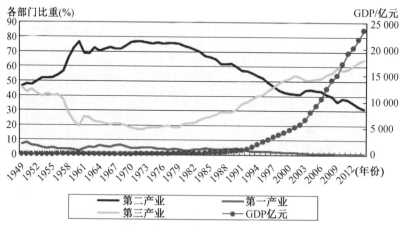

图 5—2   上海 1981—2013 年 GDP 及其结构

从三次产业结构看,20 世纪 90 年代以来,上海第二产业比重不断下降,第三产业比重不断上升,第一产业比重很低,且仍在下降(见图 5—2)。2022 年第一、第二和第三产业增加分别占上海地区生产总值的 0.22%、25.66% 和74.12%[2]。

随着经济的快速发展和经济总量的不断增加,上海化石能源消费的绝对量和CO_2 排放的绝对量一直在增长,但单位 GDP 生产消费的化石能源在不断下降,经济低碳化发展进程也十分强劲。如 1990 年上海万元 GDP 排放的 CO_2 为 7.5吨,2015 年下降为 1.7 吨,仅为 1990 年的 22.7%,下降了近 80%(见图 5—3、图5—4 和表 5—4)。可见,上海单位 GDP 的 CO_2 排放量虽然较高,但以碳排放密度表征的上海经济发展的低碳化进展很快。

①   上海统计局.上海统计年鉴[J].北京:中国统计出版社(历年).
②   上海统计局.上海统计年鉴[J].北京:中国统计出版社,2023.

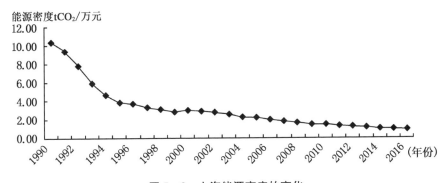

图 5—3　上海能源密度的变化

资料来源：中华人民共和国环保部. 中国环境统计年报[M]. 北京：中国环境出版社(历年).

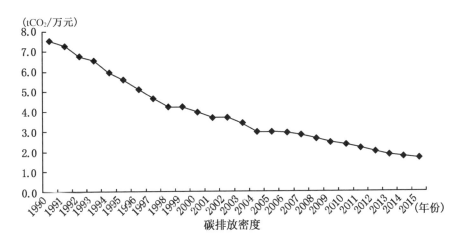

碳排放密度

图 5—4　上海单位 GDP 的 CO$_2$ 排放变化

资料来源：中华人民共和国环保部. 中国环境统计年报[M]. 北京：中国环境出版社(历年).

表 5—4　　　　　　　　　**1990—2015 年上海碳排放密度**　　　　单位：tCO$_2$/万元 GDP

年份	1990	1991	1992	1993	1994	1995	1996
碳排放密度	7.5	7.3	6.8	6.5	5.9	5.6	5.1
年份	1997	1998	1999	2000	2001	2002	2003
碳排放密度	4.6	4.2	4.2	4.0	3.7	3.7	3.4
年份	2004	2005	2006	2007	2008	2009	2010
碳排放密度	3.0	3.0	2.9	2.8	2.6	2.5	2.3

年份	2011	2012	2013	2014	2015		
碳排放密度	2.2	2.0	1.8	1.7	1.7		

注：GDP 按照 1978 年的价格计算；CO_2 数据来自作者计算，

资料来源：上海市统计局．上海统计年鉴［M］．北京：中国统计出版社（历年）．

5.1.5 危及生态品质提高的重要污染物排放变化及趋势

20 世纪 80 年代，上海城市水环境不断恶化，特别是 20 世纪 90 年代中期废水排放已超过 22 亿吨，而污水厂的污水处理能力仅有 1.47 亿吨，大部分废水被直接排放到河流中，携带 268 万吨 COD、0.19 吨镉、7.66 吨六价铬、4 吨砷、38.8 吨氰化物、70.5 吨挥发酚和 3.7 吨铅。而 2015 年废水为 22.41 亿吨，污水厂的处理能力为 2.76 亿吨，仍有 44.16% 工业废水和大部分生活污水被直接排放到河流中，携带 19.88 万吨 COD、4.25 万吨氨氮、17.08 万吨 SO_2、氮氧化物 30.06 万吨、12.07 万吨烟粉尘、0.008 吨镉、0.535 吨六价铬、0.076 吨砷、3.1 吨氰化物、1.1 吨挥发酚、石油类 633.4 吨、0.101 吨铅、0.002 吨汞。

上述数据表明，尽管目前上海的水环境污染仍然存在，但 GDP 生产的 CO_2 排放密度大幅度下降，同时污水处理能力也大幅度提高，污水中的 COD、SO_2、烟粉尘、镉、六价铬、砷、氰化物、挥发酚、石油类、铅和汞都有了大幅度下降（见图 5—4、图 5—5、图 5—6、图 5—7、图 5—8、图 5—9、图 5—10、图 5—11、图 5—12、图 5—13 及 5—14 和表 5—7）。

2020 年，总镉、总铬、总铅、总砷排放分别降为 0.015 吨、0.197 吨、0.058 吨和 0.047 吨[1]。2021 年，上海废气总排放为 16 408 万立方米，工业 SO_2 的排放减为 5 500 吨，工业废水排放降为 32 100 万吨，工业烟尘总排放降为 7 500 万吨，工业 COD 排放降为 8 600 吨[2]。

可见，上海经济在低碳及生态环境政策建设不断加强的背景下，CO_2 排放强度不断下降，CO_2 伴生污染物也大幅度减少，低碳发展也因之而不断推进。这无疑对生态品质的改善起到了极大的作用。

---

[1] 国家统计局，生态环境部编．中国环境统计年鉴［M］．北京：这个统计出版社，2022.

[2] 上海市统计局．上海统计年鉴［M］．北京：中国统计出版社，2022.

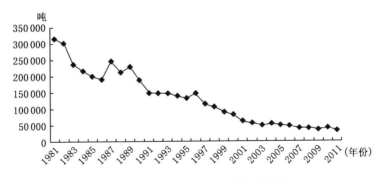

图 5—5　上海 1981—2013 年烟尘排放

资料来源：中华人民共和国环保部.中国环境统计年报[M].北京：中国环境出版社(历年).

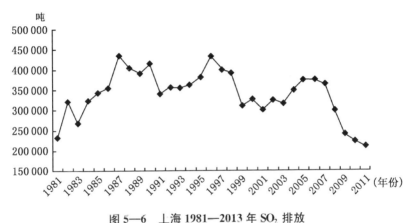

图 5—6　上海 1981—2013 年 SO₂ 排放

资料来源：中华人民共和国环保部.中国环境统计年报[M].北京：中国环境出版社(历年).

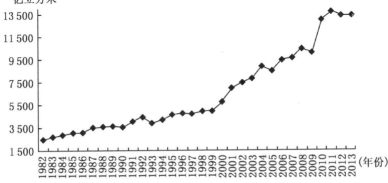

图 5—7　上海 1981—2013 年工业废气排放

资料来源：中华人民共和国环保部.中国环境统计年报[M].北京：中国环境出版社(历年).

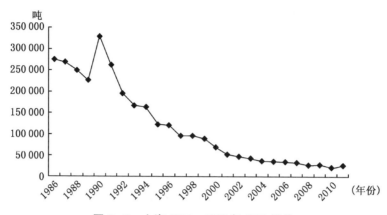

图 5—8　上海 1981—2013 年 COD 排放

资料来源：中华人民共和国环保部. 中国环境统计年报［M］. 北京：中国环境出版社（历年）.

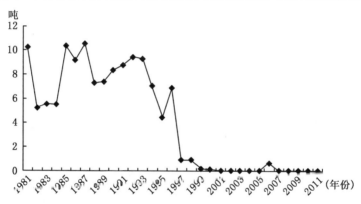

图 5—9　上海 1981—2013 年砷排放

资料来源：中华人民共和国环保部. 中国环境统计年报［M］. 北京：中国环境出版社（历年）.

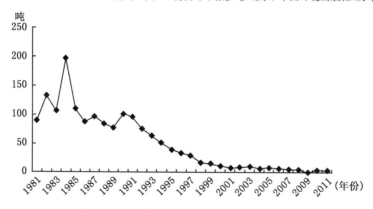

图 5—10　上海 1981—2013 年氰化物排放

资料来源：中华人民共和国环保部. 中国环境统计年报［M］. 北京：中国环境出版社（历年）.

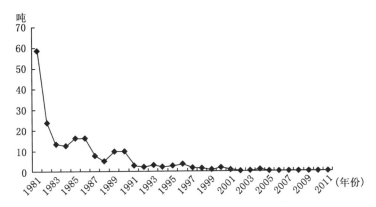

图 5—11 上海 1981—2013 年铅排放

资料来源：中华人民共和国环保部.中国环境统计年报[M].北京：中国环境出版社(历年).

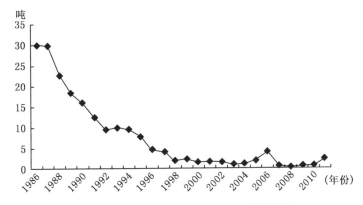

图 5—12 上海 1981—2013 年六价铬排放

资料来源：中华人民共和国环保部.中国环境统计年报[M].北京：中国环境出版社(历年).

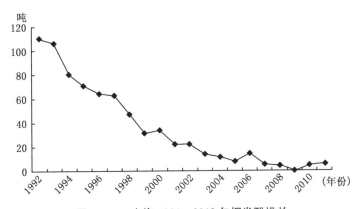

图 5—13 上海 1981—2013 年挥发酚排放

资料来源：中华人民共和国环保部.中国环境统计年报[M].北京：中国环境出版社(历年).

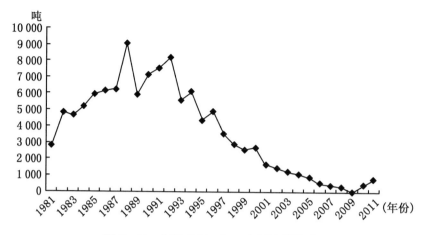

图 5—14   上海 1981—2011 年石油类排放

资料来源：中华人民共和国环保部.中国环境统计年报[M].北京：中国环境出版社(历年).

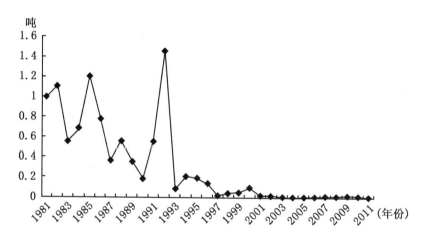

图 5—15   上海 1981—2015 年镉排放

资料来源：中华人民共和国环保部.中国环境统计年报[M].北京：中国环境出版社(历年).

5.2 上海低碳发展视角下的生态品质评价

5.2.1 指标体系

本书探讨低碳发展背景下的上海生态品质提升问题,而上海生态系统包括社会经济系统、大气系统、河流及湿地系统、森林系统、海洋系统、农业与土地系统等。因此,通过低碳发展提升上海生态品质,是通过低碳发展减少对生态系统各子系统的生态破坏,并通过对生态系统的各子系统的干预,促进生态系统健康发展,从而提升生态系统的服务结构和质量,进而提升生态品质。这一过程首先表现为提高各子生态系统的自然生态功能,修复生态系统的损害,促进生态系统的健康发展;其次表现为增加生态系统提供的生态品和生态服务与居民生态需求的匹配能力。

由此可见,低碳发展的生态绩效需要建立在生态系统的健康基础之上,然后再考虑满足居民需要,满足社会经济发展的需要。它强调各低层指标的不可替代性及高层指标功能的互补性和差异性,既要注重碳汇能力的建设,以增加生态功能和质量,又要注重减少碳源,保持碳汇和显化碳汇的功能水平。因此,生态品质的绩效水平评估,要体现其综合福利效应,不但要促进社会经济发展,还要促进生态系统的发展,而且要以人为本,反映居民的感受,促进人与生态系统的和谐发展。

低碳发展对生态系统乃至生态品质的影响指标可以分为如下五个方面:

第一,大气生态品质的影响因素,包括碳源与碳汇比例、API 指数、释氧量与排放 CO_2 比例、SO_2 浓度、$PM_{2.5}$ 浓度、CO_2 排放密度、N_xO 浓度、温度不适感天数、$PM_{2.5}$ 污染早死率等。

大气系统的生态品质改善首先保证该系统的健康与安全,为此使用 AQI 刻画,只有当该指数降低到安全阈值之内,大气才会提供安全的生态服务。虽然 $PM_{2.5}$ 浓度、CO_2 排放密度、N_xO 等(按照可加性原则)包含在 AQI 之中,但这些指标对人民的安全威胁缺乏替代性,故此单独列出,标定大气系统的生态状态。

第二,森林植被生态品质的影响因素,包括森林覆盖率、人均森林面积、人均绿地面积、绿地可达性、森林生物多样性指数等。

第三,湿地/海岸生态品质的影响因素,包括水资源开发利用率、河流水健康状态、近海海水水健康状态、污水处理率、生态用水、人均湿地、湿地面积比例等。

第四,农业土壤生态品质的影响因素,包括亩均农药、亩均化肥、秸秆利用率、农业绿色产品比例——健康指数、土地产出率、农田面积比例、农地净碳汇、农业碳汇等。

第五,社会经济生态品质的影响因素,包括投诉信、环境上访人数、人均碳汇、舒适感天数、景观指数、人均当地生态足迹、当地人均生态足迹赤字、生态效率(GDP/排碳)、噪声水平、陆域生态用地比例、污染治理投资占 GDP 百分比、可持续发展指数等。

由于投诉信、环境上访人数可以看作从一般角度和严重角度反映了居民对生态环境的社会满意程度,故选为评价社会经济生态品质的指标,看似具有重复性,但实质上不可互替。

5.2.2　权重及生态质量计算方法

(1) 指标目标值及其标准化

测算低碳发展对生态系统乃至生态品质的影响指标值是低碳农业园区的基本材料准备。由于这些指标的单位不同和特性不同,因此需要借助标准化将之变成可合并的数据。由自身特性决定,这些指标具有正向、负向和中性之分。

所谓正向指标,是指它与目标之间的关系表现为越大越好,在原始数据标准化过程中可以用如下公式处理:

$$X_i' = (X_i - X_{i\min})/(X_{i.\max} - X_{i\min}) \quad (i=1, 2, 3, \cdots, n)$$

其中,X_i' 为指标标准化数值,X_i 为第 i 个指标原始赋值,$X_{i.\max}$ 和 $X_{i\min}$ 分别为第 i 个指标原始赋值中最大和最小的数值(下同)。

所谓负向指标,是指它与目标之间的关系表现为越小越好,在原始数据标准化过程中可以用如下公式处理:

$$X_i'' = (X_{i.\max} - X_i)/(X_{i.\max} - X_{i\min}) \quad (i=1, 2, 3, \cdots, n)$$

所谓中性指标,是指它与指标值之间的关系表现为越趋近越好,处理公式为:

$$X_{jz} = | X_j - X_{zj} |, \, X_{jz}' = (X_{jz.\max} - X_{jz})/(X_{jz.\max} - X_{jz\min})$$
$$(j = 1, 2, 3, \cdots, n)$$

其中,X_j 为第 j 个指标的原始赋值,X_{zj} 为第 j 个指标的最佳值,X_{jz}' 为第 j 个指标的标准化值,$X_{jz.\max}$、$X_{jz\min}$ 分别为第 j 个指标的最大值与最小值。

本指标值的算法允许土地产出率、劳动生产率等指标值超过 100,以显示其间接低碳生产的途径和目标手段。

（2）权重确定方法

在确定了指标体系、原始数据收集和标准化处理方法后，另一个重要任务是如何确定权重。权重大小直接影响绩效指数大小。本书采用 AHP 模型计算权重。AHP 首先由 Saaty 提出，这一方法可将决策者对复杂系统的决策思维过程模型化。[①]

AHP 模型将定性与定量方法相结合，其基本原理为：假设有 n 个物体 A_1，A_2，$\cdots$，A_n，它们的重量分别为 W_1，W_2，$\cdots$，W_n，可将每个物体的重量两两比较（见表 5—5）。

表 5—5 　　　　　　　　　　　　AHP 权重确定原理

	A_1	A_2	$\cdots$	A_n
A_1	W_1/W_1	W_1/W_2	$\cdots$	W_1/W_n
A_2	W_2/W_1	W_2/W_2	$\cdots$	W_2/W_n
$\cdots$	$\cdots$	$\cdots$	$\cdots$	$\cdots$
A_n	W_n/W_1	W_n/W_2	$\cdots$	W_n/W_n

AHP 模型的矩阵表示形式如下：

$$A = \begin{bmatrix} W_1/W_1 & W_1/W_2 & \cdots & W_1/W_n \\ W_2/W_1 & W_2/W_2 & \cdots & W_2/W_n \\ \cdots\cdots\cdots\cdots\cdots \\ W_n/W_1 & W_n/W_2 & \cdots & W_n/W_n \end{bmatrix}$$

其中 A 为判断矩阵。若取重量向量 $W=[W_1，W_2，\cdots，W_n]^T$，则有 $AW=nW$，其中 W 是判断矩阵 A 的特征向量，n 是 A 的唯一的最大特征值。如果有一组物体，需要知道其重量但缺乏衡器，就可以通过两两比较他们的相互重量，得出每对物体重量比的判断，从而构造判断矩阵，然后通过求解矩阵的最大特征值 $\lambda\max$ 和它对应的特征向量，得出这组物体的相对重量。

AHP 模型运用的步骤为：明确问题，弄清决策目标与需要遵循的准则和主要约束，确定主要的表达指标。具体如下：

———————

① 许树柏.实用决策方法：层次分析法原理[M].天津：天津大学出版社,1988：12—68.

首先,构造层次结构图(见图 5—16)。

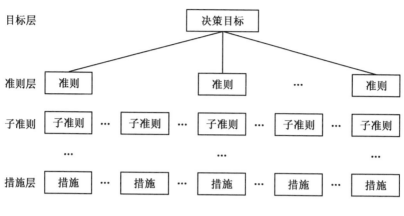

图 5—16　构造层次结构图

其次,构造判断矩阵。如前所述,利用 AHP 模型构造判断矩阵的基本原理是将指标进行两两比较,以 1、3、5、7、9 分别表示 A 指标和 B 指标比较同等重要、较重要、重要、很重要、特别重要,而介于两者之间的分别用 2、4、6、8 标记。反之,用 1/3、1/5、1/7、1/9 表示同等重要、不太重要、不重要、很不重要、特别不重要,介于两者之间的分别用 1/2、1/4、1/6、1/8 表示(见表 5—6)。

表 5—6   判断矩阵

A_k	B_1	B_1	⋯	B_n
B_1	b_{11}	b_{11}	⋯	b_{1n}
B_2	b_{21}	b_{21}	⋯	b_{2n}
⋯	⋯	⋯	⋯	⋯
b_n	b_{n1}	b_{n1}	⋯	b_{nn}

再次,层次单排序及一致性检验。设某个判断矩阵为 A,$\lambda\max$ 是 A 的最大特征值,W 是相应的特征向量,即:$AW = \lambda\max W$,W 是层次单排序的结果。

如果指标 $CR = CI/RI < 0.10$,则可认为该判断矩阵有满意的一致性。其中:$CI = (\lambda\max - M)/(M-1)$,式中 M 为判断矩阵的阶数,RI 为判断矩阵的随机平均一致性指标,是一个只随判断矩阵阶数变化的常数。一般而言,RI 随着矩

阵阶数变化而变化(见表 5—7)。

表 5—7　　　　　　　　　判断矩阵阶数与 *RI* 指数的变化情况

阶数	1	2	3	4	5	6	7	8
RI	0	0	0.58	0.90	1.12	1.24	1.32	1.41
阶数		9	10	11	12	13	14	15
RI		1.45	1.49	1.52	1.54	1.56	1.58	1.59

最后,构造层次排序矩阵(见表 5—8),对层次进行总排序及一致性检验。设 $K-1$ 层上 $N^{(k-1)}$ 个元素相对于总目标的排序权重向量为 $(W_1^{(k-1)}, W_2^{(k-1)}, \cdots, W_{N^{(k-1)}}^{(k-1)})$,第 K 层上 $N^{(k)}$ 个元素对 $K-1$ 层上第 j 个元素的排序权重为 $(P_{1j}^{(k)}, P_{2j}^{(k)}, \cdots, P_{N^{(k)}j}^{(k)})$,则第 K 层上元素对总目标的合成权重为:

$$W_i^{(k)} = \sum_{j=1}^{N^{(k-1)}} (P_{ij}^{(k)} W_j^{(k-1)}), \quad (i=1, 2, \cdots, N^{(k)})$$

判断矩阵的一致性指标为:

$$CI = \sum_{j=1}^{N^{(k-1)}} (W_j^{(k-1)} CI_j)$$

$$RI = \sum_{j=1}^{N^{(k-1)}} (W_j^{(k-1)} RI_j)$$

$$CR = CI/RI = \sum_{j=1}^{N^{(k-1)}} (W_j^{(k-1)} CI_j) \bigg/ \sum_{j=1}^{N^{(k-1)}} (W_j^{(k-1)} RI_j)$$

若 $CR < 0.10$,则认为有满意的一致性。

表 5—8　　　　　　　　　　　　　层次总排序

层次 A ＼ 层次 B	A_1	A_2	$\cdots$	A_n	B 层次总排序
	a_1	a_2	$\cdots$	a_n	
B_1	b_{11}	b_{12}	$\cdots$	b_{1n}	$\sum ab$
B_2	b_{21}	b_{22}	$\cdots$	b_{2n}	$\sum ab$

续表

层次 B 层次 A	A_1	A_2	…	A_n	B 层次总排序
	a_1	a_2	…	a_n	
…	…	…	…	…	…
b_n	b_{n1}	b_{n2}	…	b_{nm}	$\sum ab$

总之,本书主要利用 AHP 模型确定低碳发展对生态系统乃至生态品质的影响指标的权重。由于咨询时不同专家对各层次指标的重要性判断不同,因此我们采用加权平均法进行处理。但是,这样处理后的矩阵会偏离标准型。为使判断矩阵仍然保持标准型,我们采取接近归类法对之进行再处理,即如果加权处理后的某一指标处于相邻重要程度之间的某一数值,则看该数据更加接近哪一数据,就将数据调整为哪一数据。

(3) 生态品质指数计算方法

有了标准化指标数据和相对权重数值,就可以计算综合指数。在充分体现基层指标的独立性和高层指标的可互替性与可融合性的基础上,本书构造如下计算公式:

$$R_i = \sum_{i=1}^{n} W_i X_i' \quad (i = 1, 2, 3, \cdots, n)$$

其中,W_i 为指标权重,X_i' 为指标标准化数值,R_i 为综合指数。

5.2.3 数据来源

相关的数据主要来自《中国统计年鉴》、《上海统计年鉴》、《中国林业年鉴》、《中国环境年鉴》、《中国环境统计年鉴》、《中国环境统计年报》、《上海环境年鉴》、《湿地普查资料》、《上海市森林生态系统服务功能评估报告》、《上海海洋质量公报》、《中国可持续发展报告》、上海市林业局、上海市海洋局、上海市园林局、上海市水务局、上海市发改委、上海市环保局、上海气候变化研究中心、上海市气象局、上海市农委、中国科学院可持续发展数据库、上海市林业总站、上海城市森林生态国家站等。

5.2.4　权重及生态质量计算结果

（1）权重计算结果及分析

根据上述方法，计算 A—B 层和 B—C 层指标权重，见表 5—9 及图 5—17、表 5—11 及图 5—18。

表 5—9　　　　　　　　　　　　　　　　A—B 层指标权重

Bi	B1	B2	B3	B4	B5
值	0.201 1	0.176 2	0.182 3	0.200 3	0.240 1

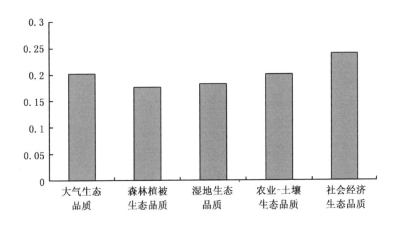

图 5—17　A—B 层指标权重

A—B 层指标权重表明，首先是社会经济系统的生态品质权重最大，其次是大气生态系统的生态品质权重，再次是农业生态系统的生态品质权重，然后是湿地生态系统的生态品质权重，最后是森林系统的生态品质权重（见表 5—9 和图 5—16）。

B—C 层的权重表明，人均森林面积、绿地可达性、森林生物多样性、淡水系统健康状况、近海海水系统健康状况、湿地面积比例、绿色产品比率、亩均化肥使用量、亩均农药使用量、生态效率、人均当地生态赤字和人均生态赤字等权重都超过 0.03，表明这些指标对生态品质的作用最强；碳汇碳源比例、氧碳平衡率、$PM_{2.5}$

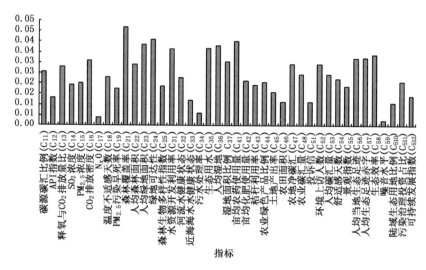

图 5—18   B—C 层指标权重

浓度，温度异常天气、森林覆盖率、人均绿地面积、污水处理率、土地产出率、农地碳汇水平、社会满意度、人均碳汇、舒适感天气、污染治理投资等指标权重在 0.02与 0.03 之间，表明这些指标依然重要；其他指标的权重分布在 0 与 0.02 之间，表明这些指标对生态品质的作用较弱（见表 5—10 和图 5—18）。

表 5—10   B—C 层指标权重

B 层指标	C 层指标	单位	权重
大气生态品质(B_1)	碳源碳汇比例(C_{11})	%	0.025 6
	API 指数(C_{12})	—	0.012 9
	释氧与 CO_2 排放量比(C_{13})	%	0.027 9
	SO_2 浓度(C_{14})	$\mu g/m^3$	0.019 3
	$PM_{2.5}$ 浓度(C_{15})	$\mu g/m^3$	0.020 1
	CO_2 排放密度(C_{16})	$\mu g/m^3$	0.030 8
	$N_xO(C_{17})$	$\mu g/m^3$	0.003 9
	温度不适感天数(C_{18})	天	0.022 8
	$PM_{2.5}$ 污染早死率(C_{19})	人/10 万人	0.017 5

B 层指标	C 层指标	单位	权重
森林植被生态品质(B_2)	森林覆盖率(C_{21})	%	0.021 2
	人均森林面积(C_{22})	公顷/万人	0.046 7
	人均绿地面积(C_{23})	公顷/万人	0.028 9
	绿地可达性(C_{24})	m	0.038 6
	森林生物多样性指数(C_{25})	—	0.040 8
水生态品质(B_3)	水资源开发利用率(C_{31})	%	0.018 7
	河流水健康状态(C_{32})		0.049 5
	近海海水健康状态(C_{33})		0.036 5
	污水处理率(C_{34})	%	0.022 7
	生态用水(C_{35})	%	0.012 1
	人均湿地(C_{36})	公顷/人	0.006 1
	湿地面积比例(C_{37})	%	0.036 8
农业—土壤生态品质(B_4)	亩均农药使用量(C_{41})	t/ha	0.038 1
	亩均化肥使用量(C_{42})	t/ha	0.030 4
	秸秆利用率(C_{43})	%	0.014 4
	农业绿色产品比例(C_{44})	%	0.040 2
	土地产出率(C_{45})	万元/公顷	0.021 4
	农田面积(C_{46})	%	0.019 4
	农地净碳汇(C_{47})	t/公顷	0.020 5
	农业碳汇量(C_{48})	t	0.015 9
社会经济生态品质(B_5)	投诉信(C_{51})	件	0.002 2
	环境上访人数(C_{52})	人	0.029 2
	人均碳汇量(C_{53})	t/人	0.024 1
	舒适感天数(C_{54})	天	0.022 1
	景观指数(C_{55})	—	0.018 6
	人均当地生态足迹(C_{56})	人/公顷	0.032 0
	人均生态足迹赤字(C_{57})	人/公顷	0.032 3

续表

B 层指标	C 层指标	单位	权重
社会经济生态品质(B₅)	生态效率(C₅₈)	t/万元	0.033 6
	噪声水平(C₅₉)	%	0.002 3
	陆域生态用地比例(C₅₁₀)	%	0.010 7
	污染治理投资占比(C₅₁₁)	%	0.020 9
	可持续发展指数(C₅₁₂)	—	0.014 1

注：$CR<0.10$,则认为有满意的一致性。

在这些不同类型的指标中,AQI 指数、森林生物多样性指数、淡水系统健康指数、海水健康水平、湿地比例、绿色农产品比率、对环境的社会满意度等指标是度量和刻画大气系统、森林系统、水/湿地系统、农地系统和社会经济系统健康水平的重要指标,是以低碳经济发展促进生态品质提高的重要选择项。

碳汇碳源比例、氧碳平衡率、森林覆盖率、人均绿地面积、单位农业碳汇、农地碳汇水平、森林生物多样性指数、淡水系统健康指数、海水健康水平、湿地比例、人均当地生态赤字等是从碳汇建设方面提升生态品质的重要选择项。

CO_2 排放密度、污水处理率、$PM_{2.5}$ 浓度、SO_2 浓度、N_xO 浓度、亩均化肥使用量、亩均农药使用量、污染治理投资等,是控制温室气体排放、提高生态品质的重要选择项。

舒适感天气、温度不适应天气、绿地可达性、绿色农产品比率、人均碳汇、对环境的社会满意度等是衡量和提高生态品质的重要指标,它可以增强碳源—碳汇匹配,是提高居民的获得感、增加居民生态福利的重要标尺。

(2)生态质量指数计算结果及分析

根据上述方法,进一步计算上海生态质量指数(见表 5—11 和图 5—19),结果表明:

表 5—11　　　　　　　　　1990—2015 年上海的生态品质指数

年份	指数	年份	指数	年份	指数	年份	指数
1990	34.20	1992	47.08	1994	38.18	1996	41.64
1991	49.41	1993	42.75	1995	39.54	1997	43.79

续表

年份	指数	年份	指数	年份	指数	年份	指数
1998	41.88	2003	42.05	2008	36.68	2013	46.79
1999	40.56	2004	43.63	2009	48.31	2014	52.82
2000	45.02	2005	38.91	2010	47.75	2015	51.79
2001	38.69	2006	38.31	2011	48.40		
2002	47.41	2007	37.77	2012	48.90		

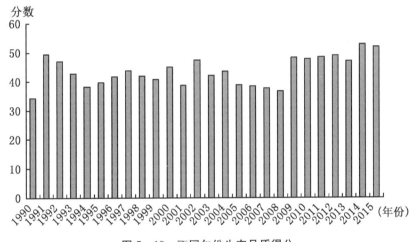

图 5—19　不同年份生态品质得分

从 1990 年到 2015 年不同年份的生态品质得分看,这 26 年间的总分数变化不大。具体而言,1990—1997 年上海生态品质大致缓慢提升,1998—2009 年大致缓慢下降,2010 年以来大致恢复到 20 世纪 90 年代后期水平。这表明在此期间上海的生态品质并没有出现大幅变化,总体提升乏力。究其原因,主要在于以下几点:

第一,这一时期上海虽然主要污染物的去除量不断增加,随着某些主干河道开始整治,水污染情况也在好转且水质有所提高,公园也在不断建设,但是 CO_2 排放尚未到达顶点,氧化亚氮、CO 浓度,人均绿地面积、绿色农产品占比、污水处理率、舒适感较强的天气、绿地可达性、API、污染治理投资占 GDP 比例、污染引致的早死率等排放水平的改善速度没有满足或超越居民需求的提高,距离居民的需求依然很大。

第二,对上海生态品质提升影响至关重要的因素,如碳汇—碳源比、氧碳平衡比、人均森林面积、近海水质、生态环境的社会满意度、人均湿地面积、自然湿地的比重、森林物种多样性、人均当地生态足迹等不断下降,农地净碳汇、森林覆盖率等上升过于缓慢。

第三,亩均化肥、亩均农药等指标虽在下降但速度尚不够快。

正是上述因素导致了这一时期上海生态品质指数改变不大,整体生态品质改善不明显。

从对生态品质改善有效的指标来看,生态效率、污水处理率、土地产出率等,这些指标的改善是推进生态品质提升的重要动力。今后,上海应提高碳汇能力、碳汇—碳源比例、森林覆盖率,通过调节 AQI 指数,降低因大气污染引致的早死率,促进大气生态系统的健康发展,提高大气生态品质;通过植树造林,增强森林生态系统的功能,保持和增强森林植被的生物多样性,提高森林植被的释氧能力,促进森林生态系统生态品质的提升;通过提高污水处理能力,保持和修复湿地系统,提升淡水和海水系统的健康水平,促进水环境生态品质的提升;通过化肥农药的减量化和配方施肥,修复被污染的土壤,提高土地产出率,增加碳汇和释氧能力,提升农—地系统的生态品质;加强综合管理和生态技术创新,提高生态效率,增加环境投资,降低生态足迹赤字,提高居民的满意度,形成生态品质提升的动力。

总之,上海具备完备的大气、水、湿地、农地、海岸带系统,具有很大的提升生态品质的动力和潜力。

5.3 上海环境质量与生态品质比较

从以上分析可以看出,上海单位 GDP 的 CO_2 排放强度、土地生产效率、主要污染物的绝对排放量等都有大幅度的下降,近年的大气污染物年均浓度有了明显的降低。这是环境管理和生态环境不断达标的一系列环境改善的成果,是生态环境质量的"胜利",也是达标"数量的胜利"。

但也要看到,在以 GDP 的 CO_2 排放强度表达经济低碳化发展水平、环境指标大幅度改善的同时,上海生态品质的变化并不大,仅有微弱的提升趋势,这与生态环境指标的明显改善形成了鲜明的反差。其原因是什么? 是生态环境标准过低? 是当前生态环境的表征指标失效? 还是与生态品质的差异过大?

　　首先,上海是我国的首位城市,也是一个工业依然占有重要地位的发展中国家的国际大都市,各类经济活动的耗能水平远高于全国平均水平,也高于世界许多发达国家。如,单位能源相关的 CO_2 排放所产生的 GDP 低于美国、英国、德国、法国等发达国家,低于新加坡、韩国等新兴市场国家,也低于巴西、俄罗斯、印度等金砖国家(见图 5—20),导致上海无法支持一个健康的城市生态系统。

碳排放水平:kg 美元/能源相关的 CO_2

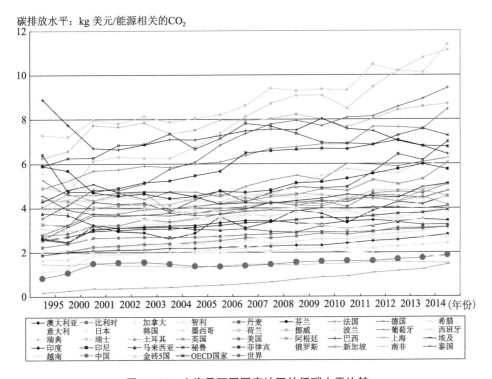

图 5—20　上海及不同国家地区的低碳水平比较

注:GDP 使用当年的美元计算。

资料来源:OECD 数据库. http://stats. oecd. org/. 上海统计网. http://www. stats-sh. gov. cn/tjnj/nj16. htm? d1＝2016tjnj/C0405. htm.

　　其次,上海的生态压力巨大,具体表现为:湿地仍在不断减少,湿地碳汇系统无法处于康健状态;近海的水污染依然有加重态势,蓝碳系统的效能在下降;森林覆盖率仅为 15%(课题组,2016),人均森林明显不足,既达不到生态城市的要求,也达不到森林城市的要求;农业化肥使用、农药使用呈现下降趋势,土壤污染修复进展缓慢,农地系统生产的绿色化程度较低,安全高质的农地生态系统的重构尚待时日。

最后,上海历史上的高碳经济发展模式对生态系统的损害过重,彻底清除这些历史遗留污染,恢复生态系统的健康状态,需要很长的时间和巨量资金。

正是这些原因导致居民感受到的基于健康生态系统的生态品质的提升不明显,生态福利的获得感不足。尤其在大气、水、森林、绿地等显化度、可感触度高的生态品质维度上,居民所感受到的改善明显不足。

总之,要想尽快使上海的生态品质满足居民需求,让居民生态福利的获得感加强,任重道远。为此,要继续加强环境标准建设,用更严格的标准限制排放,增加排污者责任追罚制度,提高生态修复能力;提升生态品质是根本之道,要以修复生态为目标,促进其健康水平的提高;要成立超级基金治理生态环境,力求制定重建生态系统的战略,以永久性解决生态问题,提升生态品质;要遵从“人与自然是生命共同体”的理念,“像对待生命一样对待生态环境”,调动全体市民共同修复环境生态,提升生态品质;要转变低碳发展提升生态品质的理念,避免唯生态治理的“国标达标”思路,响应居民感受下的“民标”,真正体现生态治理的根本目的——满足居民日益增长的对生态产品、生态服务和生态品质的需求,促使生态品质提升的同时执行“国标+民标”的双重标准,并最终在国标的基础上实现民标——满足居民日益增长的对生态产品、生态服务和生态品质的需求。

第 6 章　上海生态品质改善的碳减排分析

6.1　全球温室气体减排目标控制下的减排方案

IPCC(2007)预测,就当时 CO_2 排放增长趋势、控制水平来看,2015 年前后以 CO_2 当量表达的全球温室气体排放浓度将超过 400 PPM,2046 年前后将超过 500 PPM。要想把 CO_2 当量浓度控制在 500 PPM、将全球大气温度升高控制在 2 摄氏度以内,需要全球密切协作,坚定排放控制(见图 6—1)。

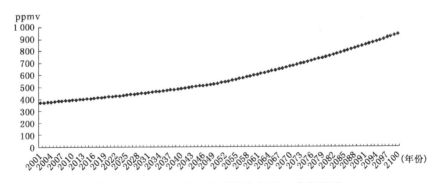

图 6—1　2001—2100 年全球大气 CO_2 浓度预测

注：2008 年中国 CO_2 排放占全球的 23.16%,美国占 18.68%,印度占 5.74%,日本占 3.98%,德国 2.59%,加拿大 1.79%,英国 1.72%韩国 1.67%。

上海是中国最大的城市,仅在国家减排和低碳发展目标下亦步亦趋地完成碳减排任务显然是不够的,无法又快又好地促进低碳发展与生态品质的提升。而且,上海已进入全球城市的行列,不但承担着本市、国家低碳发展促进生态品质提升的责任,还需要从全球视角出发,承担全球视野下的减排责任,实现领先全球城市的低碳发展,以促进全球低碳发展和全球生态品质的提升。

当然,上海以低碳发展促进生态品质提升、满足居民需求、承担城市责任与义务的实践,不能任意而为、无所不为、超能力而为或无效作为,应当按照一定原则,适度超前。具体而言,上海要根据全球控制目标下中国的减排责任、各省区市低碳发展的能力和减排责任而分摊的减排任务,结合居民的生态需求,设计低碳发展提升生态品质的机制、战略、目标和对策。

6.2 上海低碳发展促进生态品质提升的碳减排目标

6.2.1 上海 2016—2035 年低碳发展提升生态品质的碳排放量估算

上海的碳排放仍未见顶,未来的碳排放增长额度、低碳发展步速等难以确定。本书从全球视角,核算 2016—2050 年全国承诺的减排额度、上海在全国完成该减排额度中以不同分摊原则应该完成的减排量,并设定情景,刻画上海减排的阶段任务和速度。

首先,我们根据历史数据和未来预测数据两个方面来核算各省不同原则下的配额。具体公式为:

$$MQT_i = \frac{\sum\limits_{t=t_0}^{T} x_{i,t}}{\sum\limits_{i=1}^{N} \sum\limits_{t=t_0}^{T} x_{i,t}} \cdot MQT \tag{6—1}$$

$$x_{i,t} = p_{i,t} \left(\frac{GDP_{i,t}}{p_{i,t}} \right)^{-0.5}$$

$$MQT_i = \frac{1}{2} \left[\frac{\sum\limits_{t=t_0}^{T} p_{i,t}}{\sum\limits_{i=1}^{N} \sum\limits_{t=t_0}^{T} p_{i,t}} + \frac{\sum\limits_{t=t_0}^{T} GDP_{i,t}}{\sum\limits_{i=1}^{N} \sum\limits_{t=t_0}^{T} GDP_{i,t}} \right] \cdot MQT \tag{6—2}$$

式中，MQT_i 和 MQP 为省区市和全国配额，p 表示人口，i 为不同原则下分配指标，i 和 t 分别表示省份和时间，当进行未来分配预测时，t_0 和 T 分别表示 2016 和 2050 年，在碳排量原则、GDP 原则和人口原则下，x 分别表示碳排放、GDP 和人口。

根据王铮等（2013）[①] 的研究，为了使全球 CO_2 的大气浓度不超过 450—500 ppm，在人均排放权均等原则下，中国 2008—2050 年获得的排放额为 47 020—99 430 Mt C 不等，见表 6—1。若减去近年中国的实际排放情况，2016—2050 年中国的累积排放配额为 54 044.72 Mt C。

表 6—1　　　　　　　　　　不同控制目标下中国的排放份额　　　　　　　　单位：Mt C

	450 ppm	460 ppm	470 ppm	480 ppm	490 ppm	500 ppm
2005—2050 年总配额	51 490	60 810	70 130	79 450	88 760	97 900
历史排放量	4 470	4 470	4 470	4 470	4 470	4 470
2008—2050 年配额	47 020	56 340	65 660	74 980	84 290	93 430

资料来源：王铮、朱泳彬、王丽娟、刘晓. 中国碳排放控制策略研究［M］. 北京：科学出版社，2013.

上海的排放额在历史排放原则、人口原则、GDP 原则、GDP—人口原则下各省区市的配额计算见表 6—2、图 6—2。如果根据上海的城市总体规划和居民意愿及政府管理确定上海原则，加以不加干预的无控制原则，其主要年份的排放额会继续迅速增加，生态品质将进一步恶化，也就无法为全国乃至全球温室气体减排和气候变化控制作出贡献。

表 6—2　　　基于不同原则下上海 2016—2050 年的累积减排配额和减排方案　　　　亿吨

年份	项目	历史原则	人口—GDP原则	GDP原则	人口原则	上海原则	无控制原则
2016—2050	C 分配配额	25.289	16.982	26.910	7.048	—	—
2016—2050	CO_2 分配配额	92.726	62.269	98.669	25.842	—	—
2020	排放量	2.565	2.228	2.564	1.772	2.124	2.228
2025	排放量	3.274	2.711	3.274	1.300	2.178	2.844

———————————

① 王铮，朱泳彬，王丽娟，刘晓. 中国碳排放控制策略研究［M］. 北京：科学出版社，2013.

续表

年份	项目	历史 原则	人口—GDP 原则	GDP 原则	人口 原则	上海 原则	无控制 原则
2030	排放量	3.193	2.578	3.258	0.768	1.776	3.630
2035	排放量	3.037	2.102	3.225	0.341	1.303	4.633
2040	排放量	2.816	1.386	3.006	0.225	0.578	5.913
2045	排放量	2.356	0.818	2.581	0.100	0.341	7.546
2050	排放量	1.776	0.457	1.997	0.063	0.264	9.631

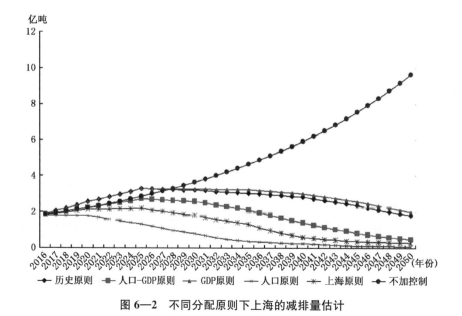

图6—2   不同分配原则下上海的减排量估计

6.2.2   实现低碳发展目标、提升生态品质的愿景

由于影响未来发展的因素很多,每一因素的不确定性很大,精确估计未来十分困难,因此本书仅对未来长期情景的几个重要方面的基本趋势作出预测,并对各年的碳排放增/减排变率作出估计。

总体来看,上海未来长期情景的基本趋势预期如下:

(1) 完成上述碳排放目标有不同的进程和阶段目标

在国家承诺 2030 年排放达到顶点的情况下,上海 CO_2 排放在 2025 年前后达到顶点,其后其 CO_2 排放总量开始逐步降低。

在上海减排 CO_2 的过程中,不同的碳排放治理原则有着不同的影响。表 6—2 和图 6—1 显示,不加控制方案显然是危险、不可取的;历史原则和 GDP 原则下的控制力度仍显不足,无法有效改善城市生态品质;人口原则的减排力度很大,但成本很高,控制难度很大;人口—GDP 原则和上海原则较切合实际,尤其是上海原则。考虑上海城市总体规划目标和居民需求,以上海原则为基础的低碳发展策略,会在大幅度有效减少碳排放的同时,注重碳汇建设,将促使上海碳汇在 2040 年达到碳源的 80% 以上,到 2050 年基本形成"碳中性"城市,契合国际大都市的发展趋势和目标。

(2) 绿色交通加强

燃油车辆是交通部门 CO_2 排放的主体,停售汽油、柴油,发展电力驱动车,加强绿色交通成为降低温室气体排放的关键手段。

从国际层面来看,欧洲各国、一些国际大都市和车企分别给出了停止使用和停售传统燃油车的时间表。荷兰、挪威等国宣布 2015 年禁售燃油汽车,德国、印度等国宣布 2030 年禁售燃油汽车,法国、英国等国宣布 2040 年全面禁售传统柴油汽车。巴黎市政府宣布在 2024 年禁止柴油车上路,到 2030 年全面禁止燃油车,使巴黎市在 2050 年成为"碳中性"城市,伦敦计划到 2030 年停止市区汽油供应。沃尔沃、丰田等宣布到 2050 年停售传统燃油车(纪宇,2018)。[①]

与此同时,许多知名世界汽车企业加大电动汽车生产。大众预计 2025 年电动车的销量将达到 200~300 万辆,占总销售量的比重达 25%;奔驰预计届时电动车销量在 450 000 至 750 000 辆之间,占 15%~25%;宝马预计销量将额外增加 300 000 至 500 000 辆,占 15%~25%;特斯拉预计从 2020 年起年销量超过 100 万辆(目前该目标已经实现);保时捷计划到 2023 年生产电动车约 120 000 辆,占比达到 50%(佚名,2017)。[②]

---

① 纪宇. 无燃油时代要来了吗[J]. 中国新时代,2018(1)：100—103.

② 佚名. 电动汽车市场引争抢,宝马大众发力！[EB/OL]. 2017—09—13. https://www.21ic.com/news/auto/201709/737700.htm.

从中国的发展态势看,强力发展电动车日益成为降低交通引致的 CO_2 排放的重要抓手。目前,我国制定了 2025—2030 年(或许拖后)停止生产销售燃油汽车的时间表,国内一些企业也列出了禁售燃油车的时间表。如长安汽车启动了发力新能源领域的全新战略"香格里拉计划",宣布到 2025 年全面停止销售传统意义的燃油汽车(纪宇,2018)。[①]

从国内电动车的销售和生产来看,我国已成为全球最大的新能源汽车生产和销售市场。2016 年"我国新能源汽车产销突破 50 万辆,累计推广超过 100 万辆,占全球的 50%"(李伟,2017)。[②] 在 2017 年第二季度电动汽车的行驶里程数中,特斯拉排在第一位,雷诺日产排在第二位,通用排在第五位,大众排在第十位,丰田排在第十二位。另外,排名前十位的企业中有五家是中国公司,分别是比亚迪、北汽、吉利、知豆和江淮。

新能源汽车发展的强烈趋势显示了一个不可取代的汽车时代。这一国际国内的绿色交通发展趋势,决定了上海低碳经济发展和生态品质提高的实践必将强力推进绿色、低碳的交通方式。

(3) 低碳技术发展

未来几十年低碳技术必将有较大的突破,清洁能源替代技术和替代能力将有巨大发展。

党的十九大报告提出:要通过发起"清洁能源革命"解决生态环境问题。未来上海的能源消费中,煤炭能源将大量下降,新型的页岩气、地热、风能、核能、可燃冰等低碳化清洁能源在整个能源消费中的比重将快速上升。

(4) 能源效率极大提高

随着科学技术的不断发展,能源的利用效率在不断提高。1990 年每吨标准煤只能带来 0.24 万元的 GDP,2015 年每吨标煤可带来 2.21 万元的 GDP。与此同时,人们的生产生活和用能方式都朝着有利于低碳的方向发展。在此背景下,随着上海低碳经济发展目标的明确、低碳技术的突破,上海的能源效率将进一步大幅度提高。

---

① 纪宇.无燃油时代要来了吗[J].中国新时代,2018(1):100—103.

② 李伟.新能源汽车全行业发力的时候到了[J].中国科技财富,2017(10):84—85.

（5）碳汇建设加强

上海 2008 年开始成为低碳城市试点,通过拆迁换绿、移工换绿、绿化"深耕"、水域恢复修复工程加大实施碳汇建设。2016—2040 年总体规划明确提出了卓越的生态之城的建设目标:要实现居民 5 分钟步行距离与绿地公园相拥,森林覆盖率达 25％以上,生态用地达 60％以上。这些目标的实施,将进一步拆迁低效建筑,迁出大量的工厂并建成绿地森林,会进一步加大适宜性空地绿化、适宜性立体空间绿化、退耕还水还海、污染生态系统修复。所有这些将进一步增加碳汇、提高生态品质。

（6）产业结构继续调整,低碳发展更加依靠效率和发展质量

近年来,上海第三产业比重上升很快,产业结构调整不断加速,重碳化、高排放、高污染工业部门正在被加速淘汰或转移出上海。这些都预示着未来上海的产业结构将进一步发生变化。

在上述情景假设下,上海 2016—2020 年、2021—2025 年、2026—2030 年、2031—2035 年、2036—2040 年、2041—2045 年、2046—2050 年设定的低碳发展带来的 CO_2 减排速度(正号为增长,负号为减少)具体为:历史原则下分别为 8％、5％、−0.5％、−1％、−1.5％、−0.5％、−5.5％,人口—GDP 原则下分别为 5％、4％、−1％、−4％、−8％、−10％、−11％,GDP 原则下分别为 8％、5％、−0.1％、−0.2、−1.4％、−3％、−5％,人口原则下分别为 0.4％、−6％、−10％、−12％、−8％、−15％、−9％,上海原则下分别为 4％、0.5％、−4％、−6％、−15％、−10％、−5％,不加控制原则下分别为 5％、5％、5％、5％、5％、5％、5％。

6.3 上海生态品质提升机制分析

如前所述,对于上海而言,如果采用不加约束的方案,即使按 5％的年增长率计算,到 2050 年上海的年碳排放量将趋近 10 亿吨,这不仅不利于温室气体减排任务的完成,同时带来生态品质的持续下降,不符合上海居民、政府、国家及全球的意愿。而按照历史原则、GDP 原则、人口—GDP 原则,上海未来的碳减排压力很小,在未来 10 年左右的时间里 CO_2 排放可以按 4％～8％的增长速度进行,然

后再随着社会经济技术的进步而不断降低。但这无法契合上海2040年建成卓越的世界城市和生态之城的目标。显然，这几个方案都不可取。

因此，上海的低碳发展方案应为：在未来10年中的前5年将CO_2年增排放速度控制在4%以内，总排放量控制在2.1亿吨以内，后五年CO_2排放年增排放量控制在0.5%左右，为2025年达到排放顶峰做好基础，并在2026年以后进入CO_2排放量绝对减量化阶段；在2026—2030年、2031—2035年、2036—2040年，按照党的十九大报告所言，通过发起"清洁能源革命"，使CO_2排放总量以—4%、—6%、—15%的速度加速下降，在2040年将CO_2年排放量控制在5 000万吨到6 000万吨，使上海的碳汇—碳源比率控制在80%左右，从而大幅度减少生态威胁，基本修复既往生态损害，形成生态品质良好的生态之城。此后，再进一步努力，到2050年建成美丽的现代化强国时，上海成为全球卓越的、"碳中性"的生态之城。

从近期上海政府发布的低碳发展和生态品质提升计划和规划看，本方案也比较契合。如上海第十三个气候规划提出，到2020年全市CO_2排放控制在2.5亿吨以内；2016年上海发改委实施的CO_2配额为1.55亿吨；上海提出的第十三个国民经济和社会发展规划中提出的单位GDP耗能下降20%；国家承诺2030年国家CO_2排放总量达到峰值，上海在2016—2040年城市总体规划中提及到2025年率先实现CO_2排放达到顶峰，并进一步转向CO_2排放量绝对降低的新时代。

总体而言，人类面临的CO_2等温室气体来源于并存储于大气、土壤、森林、海洋和湿地五大碳库中，各碳库在非人类干预下库存稳定，相互间在遵循自然规律的基础上有着稳定的联系（见图6—2）。目前温室气体排放的困窘及未来的威胁主要表现为，人类经济活动不断扩张造成各个碳库内部和各碳库之间的碳份结构失衡。如海洋、湿地、森林和土壤碳库流向大气碳库的CO_2因人的经济活动而快速增加，引起了大气碳库自身和各个碳库间关系失衡严重。

因此，上海要解决CO_2过量排放问题，根本渠道和最终归宿还是要恢复自然界的既有平衡，要调整大气中的碳存量和增量，降低大气中的净增量，将多余的碳藏于土壤、湿地、海洋和植被中，降低碳的释放和流向大气碳库的增量，并形成大气碳库流向其他碳库的强劲碳流，从而促进碳库之间及各碳库内部的平衡（见图6—3）。这个过程就是高碳发展趋向低碳发展的战略。

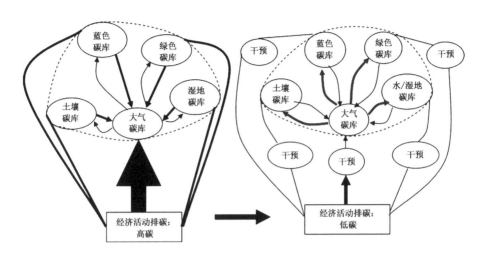

图 6—3　高碳发展、低碳发展中五大碳库之间的作用及平衡状态
注：线条粗细代表强度，箭头代表流动方向。

　　碳库具有区域性，不同城市具有不同的碳库结构。良好宜人的生态品质需要协调碳库之内及碳库之间的平衡。自然，上海的低碳发展也要努力调控各碳库内部和各碳库之间的关系。从行动机制上看，上海应建立政府为主导、企业为主体、其他组织和个人为辅助的践行体系，以基于市场的激励手段为核心（实行更严格的生态环境标准，赋予排污者更大的生态环保责任，并实行更严格的处罚制度等），政府行政命令为辅助，激发群众及相关组织的自愿参与（尤其要培养居民绿水千山就是金山银山的理念，培育爱护生态就像爱护生命一样的态度，培育民众绿色出行、绿色居住、绿色消费的行为习惯），在开放与全球合作中形成行之有效的机制体制，促进低碳发展以使生态品质得到持续提升。

第7章 以低碳发展促进生态品质提升的国际经验

7.1 城市生态品质提升的一般分析

人类对生态品质的关注,是历史发展和生活水平提升的必然结果。

一般而言,城市生态环境发展大多经历了先污染后治理的过程。这一过程大体经历了城市生态环境优质期或自然状态期、生态环境恶化期、生态环境恶化制止期、生态改善期、生态品质追求期等几个阶段。这些不同的生态环境发展阶段又分别对应着不同的城市化发展阶段,即城市化发展初期、城市化加速发展时期、城市化稳定发展时期、城市化完成等阶段,也对应着不同的经济发展阶段,即经济低水平发展阶段、经济发展快速提高阶段、经济中等水平发展阶段、经济高水平发展阶段。

随着经济发展水平的提高,城市开始追求低碳发展,居民开始追求优等的生态品质,这一发展过程符合库兹涅兹经济发展水平与生态品质关系的倒 U 型原理,也符合马斯洛的人类需求 5 层次理论。

从理论上看,城市低碳发展促进生态品质提高可以分为碳汇增进策略(适用于生态容量资源贫乏/不足、潜力丰富的城市及减源潜力很小的城市)、碳源减排策略(适用于生态容量资源丰富也是污染很重的城市,通过釜底抽薪,为生态品质的提升提供基础)和源汇结合策略(适用于生态容量资源一般或较弱、碳源较强的城市)。

7.2 以低碳发展促进生态品质提升的国际经验

7.2.1 伦敦以低碳发展提升生态品质的实践

英国作为最早完成工业化的国家,深受生态品质不高、居民生态福利不足的危害。"在英国,恶劣的空气质量是对公众健康最大的环境威胁"(佚名,2017)[①],每年因空气污染而死亡的英国人可达 5 万人之多(陆伟芳,2013)[②]。为改变这种局面,英国各级政府做出了一系列的努力。

"英国是最早提出'低碳'概念并积极倡导低碳经济的国家"(刘先雨,2012)[③]。在 21 世纪初,英国的经济增长了 28%,温室气体排放却减少了 8%(李平,2010)。[④] 英国的低碳发展之所以取得了如此令人瞩目的成就,作为最有影响力的世界城市之一的伦敦所进行的以低碳发展提升其生态品质的实践功不可没。

从"雾都"式生态污染到"黑乡"式生态破坏,伦敦生态品质的破坏都是由化石能源大量消费和高碳经济发展而引起的。面对全球气候变化和生态品质不高的今天,伦敦提出了颇具特色的以低碳发展促进生态品质提升的路径。

(1)制定温室气体动态排放清单

伦敦市使用 DPSC 方法查验每一个区域的静态排放源,弄清了居住、商业、工业区和农业区的 CO_2 排放情况,明确了不同区域的碳排放存在的差异。在此基础上,进一步将碳排放的来源进行了细分,如将交通运输引致的碳排放分为公路、铁路、水运和航空运输等不同类型,将食品和服务引致的碳排放分为水供应、餐饮和建筑服务排放等不同类型,将废物排放引致的碳排放分为废物本身的排放和废物处理的排放,将生产引致的碳排放分为 IPPU(工业过程和生产)排放和

---

① 佚名. 为改善空气质量英国拟 2040 年禁售汽、柴油汽车[EB/OL]. 2017—07—26. https://tech. ifeng. com/a/20170726/44655656_0. shtml.

② 陆伟芳. 当代伦敦治理道路交通污染的新举措——以《伦敦市长空气质量策略》为例[C]. 中国世界史研究论坛第七届学术年会暨吴于廑学术思想研讨会,2013—04—01.

③ 刘先雨. 借鉴国际经验加快大连低碳城市建设的思考[J]. 时代经贸,2012(32):39—40.

④ 李平. 低碳城市建设的国际经验借鉴[J]. 商业时代,2010(35):121—122.

AFOUL(商业食品生产)排放,将 AFOUL 排放分为大麦、小麦、玉米、燕麦、豌豆、蔬菜等不同类型,并以此为依据,制定具体的温室气体动态排放清单。这为有的放矢的碳排放治理打下了坚实基础。

(2) 明确控制 CO_2 排放的具体目标

2007 年 2 月时任伦敦市长利文斯顿宣布,到 2025 年将二氧化碳排放降至 1990 年的 60%。届时,伦敦居民、企业和交通运输的碳排放将分别控制在 766 万吨二氧化碳当量、570 万吨二氧化碳当量和 795 万吨二氧化碳当量(孙晓飞,2019)。[①] 此外,伦敦还明确提出了以低碳发展提升大气生态品质的阶段性目标,即到 2020 年、2025 年、2030 年的 $PM_{2.5}$、PM10、N_2O 和 NO_x 的减排目标。如按照这一目标,从 2013 年到 2020 年、2030 年,$PM_{2.5}$ 的浓度在伦敦不同区域都有明显的下降(见图 7—1)。

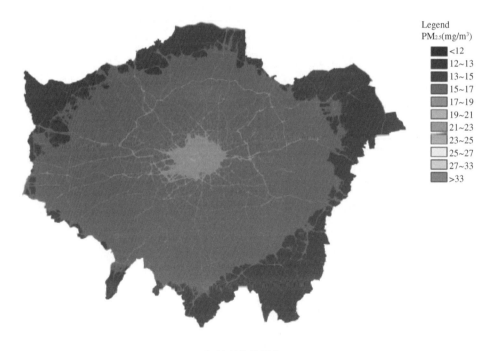

Legend
$PM_{2.5}(mg/m^3)$
■ <12
■ 12~13
■ 13~15
■ 15~17
■ 17~19
□ 19~21
■ 21~23
■ 23~25
□ 25~27
□ 27~33
■ >33

2013 年伦敦 $PM_{2.5}$

① 孙晓飞.国际低碳城市发展研究——以纽约和伦敦为例[J].应用能源技术,2019(9):15—20.

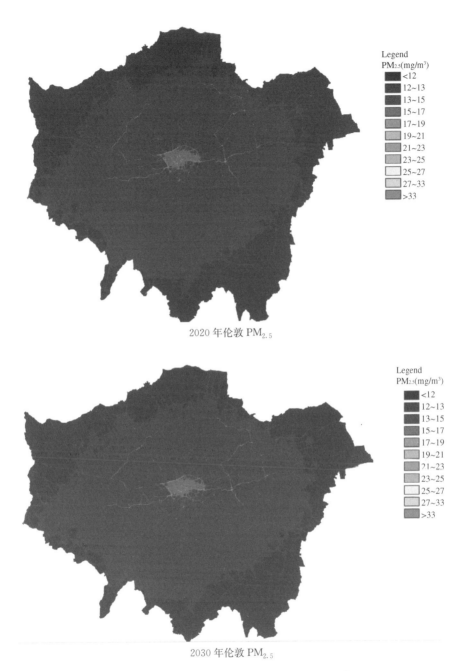

2020 年伦敦 PM$_{2.5}$

2030 年伦敦 PM$_{2.5}$

图 7—1 2013—2030 年伦敦 PM$_{2.5}$ 控制目标①

① http://www.london.gov.uk/sites/default/files/pm2.5_in_london_october19.pdf.

明确目标是有效实践的基本条件,这为伦敦的低碳发展带来了良好的效果。如 2008 年伦敦能源相关的碳排放为 3 575.94 万吨 CO_2-eq,2013 年降为 2 835.52 万吨 CO_2-eq,预计 2030 年下降到 2 090.36 万吨 CO_2-eq。

(3) 严格有效的网格化、区块化管理

伦敦将全市看作不同网格的集合和不同生态街道的集合,并据此建立由不同街区、道路构建的不同的网格单元和板块,从中细致了解不同街道的生态品质差异,重点解决生态品质较低的区域。这使其可以确定不同网格街块的 CO_2 及伴排的 $PM_{2.5}$、PM_{10}、N_2O、NO_x 等浓度分布,对症下药,突出碳减排特色,逐步推行"一街一品"的以低碳发展提升生态品质的模式,进而逐步强化其战略上注重"大生态治理"、战术上注重"小气候和满足具体居民意愿的治理"的理念。

(4) 各种低碳措施多管齐下,推动低碳发展和生态品质提高

① 打造低碳交通之城

具体措施主要有:引进碳价格制度,征收二氧化碳税,根据二氧化碳排放水平向进入市中心的车辆征收费用,大力发展电动汽车等,并准备在 2030 年禁售汽柴油车。这有效降低了地面交通运输的碳排放(李平,2010)。[1]

② 加强开发建筑的节能效益

具体措施主要有:推行"绿色家居计划",向伦敦市民提供家庭节能咨询服务,要求新发展计划优先采用可再生能源等,致力于将伦敦建设为绿色建筑之城(刘先雨,2012)。[2]

③ 推行分散的智能电网

具体措施主要有:发展热电冷联供系统,推广小型可再生能源装置(风能和太阳能)等,以此减少因长距离输电导致的能源损耗,实现低碳发展(李平,2010)。[3]

④ 推动政府机构和企业减少碳排放

具体措施主要有:严格执行绿色政府采购政策,采用低碳技术和服务,改善市政府建筑物的能源效益,鼓励公务员养成节能习惯等;推动企业减少碳排放的

---

① 李平. 低碳城市建设的国际经验借鉴[J]. 商业时代,2010(35):121—122.

② 刘先雨. 借鉴国际经验加快大连低碳城市建设的思考[J]. 时代经贸,2012(32):39—40.

③ 李平. 低碳城市建设的国际经验借鉴[J]. 商业时代,2010(35):121—122.

主要措施有：帮助企业提高减碳意识，为企业提供改变措施的信息，鼓励企业的新投资向低碳一体化过渡（李平，2010）。[①] 所有这些为低碳发展起到了积极的作用。

⑤ 发展碳中性公司和碳中性产业

伦敦的本田汽车公司和英国天空广播公司等都是碳中性公司。排放量超标的公司需要付钱种树或投资碳中性项目，以抵消自己产生的排放量。伦敦的碳中性项目包括风力发电厂、太阳能发电厂、小规模水电等项目。此外，"越来越多的小公司开始为飞机和汽车旅行、家庭和企业提供碳排放抵消服务"（马涛，2010）。[②]

⑥ 推动低碳家庭实践

伦敦居民的生活碳排放占伦敦总排放的 30% 以上。为了减少来自社区的二氧化碳排放，促进生态品质的提升，伦敦采取了一系列有效措施：

A. 推行"绿色家居计划"，为家庭能效提高提供节能咨询和参考方案，并投入3.5 亿英镑落实家庭节能减排项目[③]。

提供节约能源举措，推动太阳能和充电站计划[④]。这些措施对降低碳排放有着重要的意义。仅激励家庭将剩余的自有清洁电力上网输出一项，2025 年就可为伦敦减排二氧化碳 30 万吨（孙晓飞，2019）[⑤]。

通过示范项目，伦敦激励社区家庭参与低碳行动，共建低碳社区。具体措施有：积极安装住宅隔热层，更换节能型智能电表，帮助居民合理管理和使用能源，推进公共建筑加快节能改造，对居民风电、光伏发电、地热发电、沼气发电等产生的节余清洁能源给与补贴并促其上网，推广社区电、热能源的分布式供给，促进太阳能和风能等可再生能源利用，推进生活垃圾的分类和可燃垃圾的能源化，以减少垃圾堆积和掩埋压力等。

2019 年将全球首个超低排放区（ULEZ）引入伦敦市中心，实现区域内每日污染车辆减少 13 500 辆，同时有毒二氧化氮水平降低 44%。ULEZ 计划规模将于

① 李平. 低碳城市建设的国际经验借鉴[J]. 商业时代，2010(35)：121—122.
② 马涛. 后京都时代的对外贸易[M]. 上海：复旦大学出版社，2010.
③ 汪聪聪. 国际低碳城市发展实践与经验借鉴[EB/OL]（2021—05—26）(2023—11—18)http://www.urbanchina.org/content/content_7972348.html.
④ 李靖. 伦敦哈克尼地区节能减排实践路径及启示[J]. 上海节能，2021(12)：1316—1322.
⑤ 孙晓飞. 国际低碳城市发展研究—以纽约和伦敦为例[J]. 应用能源技术，2019(9)：15—20.

2021 年扩大①。城市的居民建筑基本上实现了零碳排放,非居民建筑也在逐渐向零碳排放发展。

B. 推进低碳交通建设。为减少交通运输领域的碳排放,伦敦采取了一系列措施。

首先,通过征收拥堵费、更换低排放车辆,促进机动车和燃料低碳化等措施减少碳排放②。通过实施伦敦中心区的自形成租赁计划,增添了 6.6 万个停车点,开辟了数十条自行车快速通道,并进一步与地铁整合,提高绿色出行比例,促进碳减排(孙晓飞,2019)。③

其次,出台和落实混动车和电动车更换计划,要求自 2012 年起新购置的公交车辆采用混合动力,鼓励购买电动车,鼓励电动车支持设施的快速建设,提高对电动车主的便利服务,培育居民对电动车的偏好,不断提高电动车在公共乃至私人交通车辆中的比例。所有这些从总体上降低了交通运输领域的碳排放④。

C. 加强能源管理。首先,伦敦出台了刺激清洁能源发展的政策,如要求能源供应必须保持一定比例的可再生清洁能源;征收气候变化税,对使用传统能源的企业增加能源使用费(大约使企业能源成本提高 15%),对使用天然气等清洁能源的企业给予税收优惠,对采用高效热电联产的企业免税⑤。

其次,伦敦提出了分布式能源供给战略,以政府为主导降低分布式能源资金风险,促使其本地化、分散化和低碳化,以减少能源输出过程中的电力损失。分布式能源供给是 21 世纪低碳发展的重要理念,对人类的低碳发展有着重要的意义。

⑦ 建设零碳社区,构建低碳化高生态品质示范区

从 2002 年开始,伦敦南部的贝丁顿社区通过太阳能供热、能量可回收的通风

① 伦敦发展规划署. 环保伦敦:全球最具可持续竞争力的城市之一[EB/OL](2015—01—01)(2023—11—20). http://london. cn/environment-friendlylondon/

② 秦波,张思宁. 国际城市低碳发展规划与启示[J]北京规划建设,2022(2):37—40.

③ 孙晓飞. 国际低碳城市发展研究—以纽约和伦敦为例[J]. 应用能源技术,2019(9):15—20.

④ 孙婷. 国际大城市交通碳中和实现路径及启示——以伦敦、纽约和巴黎为例[J]. 规划师,2022(6):144—150。

⑤ Con Edison, Drexel University, Energy Futures Initiative, ICF. Pathways to Carbon-Neutral NYC: Modernize, Reimagine, Reach[EB/OL](2021—04—01)(2023—11—20). https://g-city. sass. org. cn/_upload/article/files/4e/6b/79d153fa4634bf5d0fe565a69fe5/5d5b1074-658c-402c-a6a5-365863885068. pdf.

系统、太阳能除湿、超绝缘墙体、雨水收集等措施,形成了低碳、零碳的高品质生态社区,向居民展示了可持续的低碳经济福利和效能。

7.2.2　哥本哈根以低碳发展提升生态品质的实践

哥本哈根是丹麦王国的首都、最大城市及最大港口,是丹麦政治、经济、文化和交通中心,也是北欧最大的城市和重要的海陆空交通枢纽,是丹麦传统的贸易和船运中心,也是新兴制造业城市。丹麦"1/3 的工厂建在大哥本哈根区,全国重要的食品、造船、机械、电子等工业也大多集中在这里"(杨胜元,2013)。[①]

哥本哈根是享誉世界的低碳城市,优异的城市生态品质有目共睹。2008 年 Monocle 杂志将哥本哈根评选为"最适合居住的城市",并给予其"最佳设计城市"的评价;在西欧地区"设置企业总部的理想城市"的评选中,哥本哈根仅次于巴黎和伦敦,排在第三位(佚名,2010)。[②] 世界上许多重要的国际会议在此召开。这些成绩的取得都与其长期的以低碳发展促进生态品质提升的实践密不可分。

1993 年以来,哥本哈根以低碳发展促进生态系统健康为基础,构造综合生态系统的健康性和多样性,从而为居民提供良好的生态品和生态服务。其基本措施是:

首先,大力推进生态绿地建设,力求城市中生态绿地占总用地的 40% 以上,并注重空间的优化及居民的可接近性,从而使居民自任何地方起步行 5—7 分钟就可以到达绿地,充分感受到生态环境的健康性及生态福利[③]。

其次,通过严格的污水治理和排放标准,一方面修复某些污染地区,一方面严格控制排放,加强污染控制,使水/湿地生态系统不断健康发展,进而构筑良好的水/湿地生态环境,逐步提高水/湿地生态品及生态服务。虽然哥本哈根的人口超过 120 万,中心区人口更为密集,但在低碳及伴生污染有效控制的背景下,其中心城的海港里面的水质总是保持在大洋海水的清洁水平。

第三,通过严格控制化肥、农药、农膜等的使用,推进农—地生态建设,保持土

---

① 杨胜元. 欧洲印象[J]. 山花,2013(11):129—137.
② 佚名. 哥本哈根,世界的低碳化时代坐标[J]. 大视野,2010(3):75—79.
③ Sara Hughes,Eric K. Chu,Susan G. Mason. Climate Change in Cities:Innovations in Multi-Level Governance[M]. Springer International Publishing AG,Cham,Switzerland,2018:145—161.

壤系统的生态健康和农业发展的基本环境状态,为居民提供足够的有机产品。现在哥本哈根是欧洲最大的有机食品消费城市(王聪聪,2021)。①

第四,鉴于交通领域的碳排放在总碳排放量中占很大比重,哥本哈根出台了许多措施,狠抓绿色交通,以减少碳排放,进而减少燃油车辆的碳排放对大气生态品质的威胁。哥本哈根建设了便利的步行、自行车系统,力保市民在家门口1千米内就能使用公共交通。在此背景下,"超过35%的人选择公共交通为其出行的交通方式,其中地铁系统承担了23%的个人出行,城市停车泊位数以每年2%～3%的速度在减少"(张庆阳等,2017)②。

第五,强化政府和居民的环保意识。哥本哈根在制定城市公共政策时十分注意将环保意识渗入其中。它是世界上第一个为防止地球气候变暖而采取强制性"绿色屋顶"法规的城市,并计划于2025年成为世界上第一个碳中性城市。同时,哥本哈根采取了多种措施加强居民的环保意识,如建立家庭废物管理机制,细化垃圾分类,"有些村庄甚至建设了一间公共小屋,用于存放村民不再需要的东西,免费给有需要的人使用"③。

7.2.3 纽约以低碳发展提升生态品质的实践

纽约市总面积为1 214.4平方千米,人口近851万(2017年),GDP超过10 000亿美元(2013年),是美国人口最多、经济最发达的城市。2005年纽约市人均CO_2排放量比美国平均水平低71%。2009年纽约排放了4 930万吨的二氧化碳,人均排放量为5.9吨CO_2当量/人。2007年编制了纽约2030规划(PlaNYC 2030),以"进一步强化纽约市人均CO_2排放量远低于美国平均水平的优势"(贾宁等,2014)。④ 以此规划为基础,纽约开始了以低碳发展提升城市生态品质的实

---

① 汪聪聪. 国际低碳城市发展实践与经验借鉴[EB/OL](2021—05—26)(2023—11—18)http://www. urbanchina. org/content/content_7972348. html

② 张庆阳,郭明佳,赵洪亮,刘国维. 国外生态文明城市探索经验(上)[J]. 城乡建设,2017(19):64—67.

③ 汪聪聪. 国际低碳城市发展实践与经验借鉴[EB/OL](2021—05—26)(2023—11—18)http://www. urbanchina. org/content/content_7972348. html

④ 贾宁,陈泽军,宋国君. 纽约低碳城市规划及对中国的启示[J]. 环境污染与防治,2014,36(7):97—102.

践。其具体措施主要有：

（1）制定低碳目标

为有效控制碳排放，纽约市政府明确提出，到 2030 年纽约的温室气体排放量要比 2005 年下降 30％，2050 年 CO_2 排放要在 2005 年的基础上减少 80％，2030 年要在 2005 年的基础上减排二氧化碳 1 560 万吨（孙晓飞，2019）。[①]

（2）明确以低碳发展提升生态品质的技术路径

① 对全市建筑进行低碳改造

纽约市政府的调查表明，该市 3/4 的温室气体排放来自建筑物的供热、降温、供能，改造建筑并提高能效和节约能耗是有效降低温室气体排放的重要手段。通过提高能源效率一项可以减排 60％的温室气体排放[②]。为减少碳排放，纽约市政府采取措施，对公共建筑进行改造，同时通过税收激励和示范促进私人建筑的改造（Mayor de Blasio，2014）[③]。

纽约建筑面积约为 4.84 亿平方米。降低建筑物的碳排放措施主要有：通过计量分析来改变设备、装置及设计，以减少能源的使用；通过改造照明系统及冷热保持系统、安装节能型智能电表、增加节能灯和其他节能电器，减少能源消耗，降低二氧化碳排放；减少混凝土中水泥用量，改善水泥生产工艺（因为生产 1 千克水泥就要排放 1 千克二氧化碳），以工艺革新降低单位水泥生产的碳排放量，减少混凝土的水泥组分，也可以一定程度上达到降低建筑物碳排放的目的；通过动员家庭、中小企业乃至大型企业、社区的广泛参与，扩大高峰用电负荷管理，尤其是增加高峰用电负荷管理项目和实时定价来消减 25％的高峰负荷。这些措施取得了很好的效果。如 2014 年通过智能电表的可视性实施管理，纽约市政高峰时减少了 5％的能源总消耗和 4％的碳排放。

② 提高化石能源使用效率，倡导清洁能源使用

为了减少碳排放，纽约市政府出台了雄心勃勃的化石能源转化计划（Mayor

---

① 孙晓飞．国际低碳城市发展研究——以纽约和伦敦为例[J]．应用能源技术，2019(9)：15—20．

② Daniel Wright，Richard Leigh，Jamie Kleinberg，Katie Abbott，Jonah "Cecil" Scheib．New York City can eliminate the carbon footprint of its buildings by 2050[J]．Energy for Sustainable Development，2014 (23)：46—58

③ Mayor de Blasio．Commits to 80 Percent Reduction of Greenhouse Gas Emissions by 2050，Starting with Sweeping Green Buildings Plan[R]．September 21，2014．

de Blasio,2014)①,力求通过提高效率和扩展项目的方式控制能源消费②。同时,纽约还加强了可再生能源投资,通过扩建分布式发电等清洁能源,大大减少了能源消耗,减少了碳排放。目前纽约电厂中有80％使用天然气为燃料,建筑物中有1/4使用分布式发电。

此外,纽约市还把加强废物管理作为降低碳排放的重要手段。如纽约市使用43项技术,收集了60％的沼气池天然气,并通过燃料电池来生产能源,为污水处理场供电③。

③ 致力于大幅度减少交通系统的碳排放

鉴于纽约交通引致的碳排放占比超过20％(2008年),纽约市政府出台了大幅度减少交通碳排放的计划,明确表示2030年二氧化碳排放要比2008年下降44％。为达到这一目的,纽约主要采取了以下措施④:

A. 大力发展公交系统(BRT),推广地铁、铁路和自行车的使用。近年来,纽约新建、扩建了许多新型交通基础设施,提高服务短缺地区公共交通的可达性。如2014年纽约就增加了5条快速公交路线,并规划到2030年完成一级车道806千米、二级车道2074千米和三级车道2880千米,合计达到2280千米。在扩建快速交通线路的同时,纽约还努力改善现有基础设施的客运服务,如采用新技术实施信号系统的即时管理,借助红绿灯识别技术,保障对靠近的公交车迅速转换信号或者保持绿灯,给予快速公交车辆信号优先权,保证公交车优先快速通过,提高公共交通平均速度,使公交车能按照时刻表正常运行;通过改变信号并改善地铁和铁路车站的可达性,鼓励公众采用地铁和铁路等公共交通方式出行;通过扩建自行车车道,鼓励民众采取自行车＋公共交通的低碳方式

① Mayor de Blasio. Commits to 80 Percent Reduction of Greenhouse Gas Emissions by 2050[R],Starting with Sweeping Green Buildings Plan September 21, 2014.

② Con Edison, Drexel University, Energy Futures Initiative, ICF. Pathways to Carbon-Neutral NYC:Modernize, Reimagine, Reach[EB/OL](2021—04—01)(2023—11—20). https://g-city. sass. org. cn/_upload/article/files/4e/6b/79d153fa4634bf5d0fe565a69fe5/5d5b1074-658c-402c-a6a5-365863885068. pdf.

③ Con Edison, Drexel University, Energy Futures Initiative, ICF. Pathways to Carbon-Neutral NYC:Modernize, Reimagine, Reach[EB/OL](2021—04—01)(2023—11—20). https://g-city. sass. org. cn/_upload/article/files/4e/6b/79d153fa4634bf5d0fe565a69fe5/5d5b1074-658c-402c-a6a5-365863885068. pdf.

④ 郭豪,杨秀,张晓灵,李莹. 城市绿色低碳发展国际经验及启示[J]环境保护,2019(51):56—59.

出行①。

B. 征收交通堵塞费。为减少市区车辆数量,以降低温室气体排放,纽约对由86街进出曼哈顿的货车和非货车分别征收21美元/日和8美元/日的拥堵费。这项措施取得了很好的效果。该政策实施后,纽约既往交通拥堵区的堵车率下降了6.3%,速度提升了7.2%②。

C. 提高燃料效率,取消清洁能源汽车消费税。纽约州十分注重燃料效率的提高,通过引入加利福尼亚州最新排放标准,使纽约州私家车燃料效率和减排效率得到了明显提高。仅此一项就可以促使纽约州到2030年减少6%以上的二氧化碳排放。在此基础上,纽约市根据美环境署的最高排放标准,制定了对符合这类标准的清洁能源混动车取消消费税的政策。这类混动车的燃料效率是普通车辆的2倍以上。如果纽约市有30%的车辆属于这种高效的混动汽车,就会使整个城市的二氧化碳排放减少3%。③

④ 加大立体绿化

纽约州政府在2008年出台法律,加大屋顶绿化。该法律规定屋顶绿化50%以上,每平方米屋顶绿化减房产税45美元。现在,纽约市的屋顶绿化已成为一道靓丽的风景线(陆小成,2013)。④

(3) 编制科学的低碳规划

2005年起,纽约由政府、专家学者和社会团体[主要是非政府组织(NGO)]共同编制2030规划。纽约2006年成立了一个由各领域专家组成、隶属于市长办公室的机构——长期规划和可持续发展办公室(OLTPS)来负责此事。纽约还成立了由不同工作背景的专业人士组成的可持续发展顾问委员会,来帮助规划方案的确定。OLTPS与政府工作人员在规划编制期间每3周举行1次会议,并为各委

① Con Edison, Drexel University, Energy Futures Initiative, ICF. Pathways to Carbon-Neutral NYC: Modernize, Reimagine, Reach[EB/OL](2021—04—01)(2023—11—20). https://g-city.sass.org.cn/_upload/article/files/4e/6b/79d153fa4634bf5d0fe565a69fe5/5d5b1074-658c-402c-a6a5-365863885068.pdf.

② Con Edison, Drexel University, Energy Futures Initiative, ICF. Pathways to Carbon-Neutral NYC: Modernize, Reimagine, Reach[EB/OL](2021—04—01)(2023—11—20). https://g-city.sass.org.cn/_upload/article/files/4e/6b/79d153fa4634bf5d0fe565a69fe5/5d5b1074-658c-402c-a6a5-365863885068.pdf.

③ Mayor de Blasio. Commits to 80 Percent Reduction of Greenhouse Gas Emissions by 2050[R], Starting with Sweeping Green Buildings Plan September 21, 2014.

④ 陆小成. 纽约城市转型与绿色发展对北京的启示[J]. 城市观察,2013(1):125—132.

员发表意见营造公开自由的环境[①]。

　　与此同时,纽约市组织专家针对与气候变化相关的多个领域开展了一系列社会调查和科学研究,如温室气体排放、气候变化风险、电动汽车应用、公众绿色行为、公共健康与气候变化等。这些调查和研究成果均及时发布,最终促使2030规划顺利而且科学地制定出来(贾宁等,2014)。[②]

　　除纽约2030规划外,纽约市还另外制定有很多专项规划,如节能规划、可持续管理规划、绿色经济规划、绿色建筑规划等。此外,纽约市每年还会公布一份温室气体排放清单,对过去纽约温室减排情况进行总结[③]。

　　(4)加强舆论宣传

　　加强舆论宣传,鼓励市民参与,是纽约践行低碳发展的重要举措。为此,纽约市政府采取了如下一些措施:向市民公开征集"什么是我们心目中的纽约"以了解市民的需要,这项征集收到了数以千计的邮件反馈;举行了十余次大型市政厅会议以使市民了解政府政策的制定和执行情况;会见了数百个小型的市民组织,了解市民的需求(贾宁等,2014)。[④]

　　纽约市对低碳发展的宣传在2030规划制定的过程中表现得最为明显。由于当时"低碳""可持续发展"的理念还没有广泛深入人心,一开始公众对参与这份规划的兴趣有限。因此,纽约在规划编制期间进行了大量宣传工作。这些宣传工作包括市长演讲、巡回演出、网站建设等,其中最重要的是网站建设。如纽约市政府建设了PlaNYC 2030官方网站,低碳发展的所有资料均在这里发布,任何人都可查阅。这个网站也是所有与纽约2030规划相关的新闻、规划、政策、活动等的发

---

① Con Edison，Drexel University，Energy Futures Initiative，ICF. Pathways to Carbon-Neutral NYC：Modernize, Reimagine, Reach[EB/OL]（2021—04—01）（2023—11—20）. https：//g-city. sass. org. cn/_upload/article/files/4e/6b/79d153fa4634bf5d0fe565a69fe5/5d5b1074-658c-402c-a6a5-365863885068. pdf.

② 贾宁,陈泽军,宋国君. 纽约低碳城市规划及对中国的启示[J]. 环境污染与防治,2014,36（7）：97—102.

③ Con Edison，Drexel University，Energy Futures Initiative，ICF. Pathways to Carbon-Neutral NYC：Modernize, Reimagine, Reach[EB/OL]（2021—04—01）（2023—11—20）. https：//g-city. sass. org. cn/_upload/article/files/4e/6b/79d153fa4634bf5d0fe565a69fe5/5d5b1074-658c-402c-a6a5-365863885068. pdf.

④ 贾宁,陈泽军,宋国君. 纽约低碳城市规划及对中国的启示[J]. 环境污染与防治,2014,36（7）：97—102.

布点,内容全面、更新及时,是广大纽约市民参与和监督的良好途径[①]。纽约市的这些宣传取得了显著成效。在规划制定的两年里,各种讨论一直在进行,对纽约市民起到了极大的环境教育的作用,最终规划得到了广泛的民众支持,各项举措顺利实施。

(5) 构建"虚""实"结合的目标体系

首先,以"更绿色、更美好的纽约"作为城市发展主题,希望所有纽约人到2030 年依然"深爱这座城市",这使纽约"公众内心的愿望相一致,构成了推动纽约规划前进的民众基础"。

其次,纽约将 CO_2 减排目标设定为到 2030 年比 2005 年减少 30%,即3 360 万吨排放量,并以此为核心制定低碳行动方案,该方案涉及 10 个领域(即住房、开放空间、绿地、水质、供水网络、交通运输、维修、能源、空气质量以及气候变化等),每一个领域都有各自的"实际可感的愿景",如"确保所有纽约人居住在公园的'十分钟步行圈'之内"为"开放空间"的目标,使纽约"获得全美最清洁的空气质量"为"空气质量"的目标[②]。这样一套"虚""实"结合的目标体系,把纽约的长期规划有效地落实到实践中。

7.2.4　东京以低碳发展提升生态品质的实践

东京是一座著名的国际大都市。作为日本的经济中心和政治中心,东京历史上也曾经是污染非常严重的一座城市。20 世纪 60 年代的东京人曾经每天需要佩戴口罩甚至吸氧来减轻或缓解空气污染的毒害。在此背景下,东京居民的生态品质受到了严重的影响。经过几十年的低碳发展,今天东京的环境污染情况得到根本的改变,居民的生态品质得到了极大的提升。东京 2012—2015 年环境监测站表明,$PM_{2.5}$ 的浓度分别为 14.2 $\mu g/m^3$、15.8 $\mu g/m^3$、16 $\mu g/m^3$、13.8 $\mu g/m^3$;其中道路区域分别为 15.9 $\mu g/m^3$、16.7 $\mu g/m3$、17.2 $\mu g/m^3$ 和 15 $\mu g/m3$[③]。如今的

　　① Mayor de Blasio. Commits to 80 Percent Reduction of Greenhouse Gas Emissions by 2050[R],Starting with Sweeping Green Buildings Plan September 21,2014.

　　② Terence Conlon, Michael Waite, Yuezi Wu, Vijay Modi. Assessing trade-offs among electrification and grid decarbonization in a clean energy transition: Application to New York State[J]. Energy,2022(249):1—18.

　　③ http://www.metro.tokyo.jp/english/directory/environment.htm.

东京已成为世界上以低碳发展促进生态品质提升的良好样板。

东京以低碳发展促进生态品质提升的总体思路是：重视一次性能源结构调整；着力推进商业和家庭的碳减排；制定建筑高节能、强低碳标准；提高家电、公共设施的节能效率；鼓励新能源汽车发展；在提高总体能效的同时加强清洁的新能源替代；制定严格的低碳实践和低碳管理制度，在科学规划的框架下有效减少碳源；加大生态保护力度，修复被破坏的生态资源与环境；严格控制碳足迹的增长，力求城市整体生态容量增大，生态品类多样，生态宜人性加强和碳汇增加，生态系统持续完善。相对于增加碳汇，减碳源更加直接，减排效应可以瞬时呈现，对改善城市生态品质的能力更强。其加强低碳发展、促进生态品质改善的主要措施有：

（1）实行排污权交易制度，制定碳减排标准

2009—2014 年通过使用排污权交易制度，东京的 CO_2 排放减少了 25%。在此基础上，东京提出的碳减排目标是以 2000 年为基准，到 2030 年减少 30% 的温室气体排放，2050 年实现 CO_2 零排放。[①] 这既肯定了之前减排的成绩，鼓舞了士气，也为未来的发展明确了方向，使低碳措施有的放矢。

（2）资助私人企业减排

为协助私人企业采取措施减少二氧化碳排放，东京不仅推行了限额贸易系统（cap and trade system）以为企业提供多种减排工具，还成立了多种基金以资助中小企业采用节能技术（李平，2010）。[②] 这在敦促私人企业实行碳减排的同时，也为中小企业的碳减排提供了帮助，从而使私人企业的碳减排行为既有压力，也有实现的可能。

（3）动员家庭进行碳减排

家庭是碳排放的重要来源之一。东京为了动员家庭进行碳减排，采取了一系列的措施。为减少家庭照明和燃料引致的碳排放，东京大力提倡使用节能灯照明，要求居民放弃浪费电力的钨丝灯泡。与家装公司合作，提醒客户在翻新住房时采取加装隔热窗户等，采取能效标签制度和能源诊断员制度等，敦促居民采取低碳的生活方式。正是这些措施促成了东京居民以家庭为核心的多侧面的碳减

---

① 陈晨，秦群. 东京"零碳排放战略"提出分阶段多策略实施方案［EB/OL］（2022—09—28）（2023—11—12）. https://www. mthepaper. cn/baijiahao_20096563.

② 李平. 低碳城市建设的国际经验借鉴［J］. 商业时代，2010，35：121—122.

排(黄伟光等,2014)①。

（4）注重建筑减排

建筑的碳排放不仅来自建筑材料引致的碳排放,也来自建成后的温度调控引致的碳排放。有鉴于此,为了减少由城市发展、建筑增加而产生的二氧化碳排放,东京对旧建筑的能源消耗数量、结构及耗能设施进行了节能化和低碳化改造。在此过程中,政府以身作则,不仅要求新建政府设施要符合节能规定,甚至要求其节能表现必须高于目前的法定标准(李平,2010)②。

（5）强化交通和服务业减排

为减少由交通和服务业引致的二氧化碳排放,东京市政府制定了有利于推广省油汽车使用的道路交通规则,并对大型商业机构采取了"强制碳减排与排放交易制度"(杜军,2013)③。

（6）加强碳汇能力

东京的绿化水平已经很高,但东京市政府仍在继续保护植被,注重潜在地区的绿化和改造,力争在保持碳汇功能的同时,进一步提升碳汇能力,从而促进城市生态品质的进一步优化。

7.3　国际经验总结及对上海的启示

7.3.1　制定以人为本的环境管理标准

长期以来,中国城市生态环境的评价与管理都是以国家标准为准绳的,忽视了居民对环境污染程度的感知和对污染治理成效的评价。

城市生态品质提升是在生态环境严重恶化、城市居民的健康和生态福利受到严重威胁的背景下提出的。在更加关注生态环境对居民影响的今天,在以低碳发展促进城市生态品质提高进而提升居民生态福利的当下,政府日益关注居民的感受,力求将居民的生态福利最大化。因此,城市居民对环境状况的评价理应成为

---

① 黄伟光,汪军.中国低碳城市建设报告[M].北京:科学出版社,2014:45.
② 李平.低碳城市建设的国际经验借鉴[J].商业时代,2010(35):121—122.
③ 杜军.东京都节能减碳的实践及启示[C].2013城市国际化论坛,北京:2013—12—01.

环境管理标准的重要组成部分。

综观世界城市的低碳发展历程,它们都十分注重基于国家生态标准辅以居民"标准"来量度城市的生态环境状况。如纽约的低碳发展目标是"更绿色、更美好的纽约",让所有纽约人到2030年依然"深爱这座城市"(贾宁等,2014)。[①] 这些标准以居民明确感受到低碳发展带来生态品质的根本改善为目标,从而使低碳发展有了更清晰的方向,也使民众的生态福利得到了最大限度的伸张。

因此,以人为本,将环境管理的国家标准逐步辅以居民标准并付诸实施,是未来上海以低碳发展促进生态品质提升过程中的重要一环。

7.3.2   因市制宜,选择自身最优路线图

不同城市具有不同的生态环境和高碳经济结构。各城市应该因地制宜,寻找最优突破口,形成科学合理的路线图,以高效化低碳发展,显著提升生态品质。在此过程中,应注重优先解决突出的生态问题,然后再深入全面地解决生态品质提升的不均衡、不充分问题,力求居民平等共享低碳发展带来的生态品质提升;应注重福利结构的调整,生态品质提升带来的福利效应首先惠及当地居民,然后再发挥其正向外部性,普惠全国、全球。

世界城市的低碳发展基本上遵循以上规律。纽约根据城市碳排放主要来自建筑的取暖、降温和动力需求的特征,提出了以低碳建筑为主导提升生态品质的方案;哥本哈根根据自身生态系统优越的特征,采取了通过风能和太阳能的化石能源替代、强制绿化、严格垃圾分类等措施,控制温室气体排放;伦敦则针对突出的大气生态系统问题,结合自身温室气体排放因交通等沿街道分布规律显著的特点,将低碳发展按照街道分区进行网格化精准治理。这些举措均取得了很好的成效,尤其是哥本哈根依靠自身的特殊优势,结合合理的低碳发展战略,有望率先成为零碳城市。

根据这些国际经验,未来上海城市的低碳发展也应立足本地特点,因地制宜,制定出合理的规划和路线图,从而达到事半功倍的效果。

---

① 贾宁,陈泽军,宋国君.纽约低碳城市规划及对中国的启示[J].环境污染与防治,2014(7):97—102,106.

7.3.3　将全球领先看作自身责任，建设"碳中性"城市

国际大都市是世界城市的典范，是国家、大洲甚至是泛洲区域的首位城市。这些城市既具有较大的温室气体排放，也具有减排温室气体的人力、物力、财力和技术。在全球气候变暖、人类赖以生存的环境受到巨大威胁的背景下，全球城市应当承担更大的责任，成为全球温室气体减排的示范者、引导者和显著贡献者。

综观国际大都市的低碳发展历程，它们在实施低碳发展战略的过程中都将做温室气体减排的领导者作为自己努力的方向。如纽约提出低碳发展目标体现在生态品质上就是"获得全美最清洁的空气质量"；哥本哈根提出要建立全球首个碳净排放为零的"碳中性城市"；巴黎市政府宣布将在 2024 年率先禁止柴油车上路，到 2030 年全面禁止燃油车，在 2050 年成为"碳中性"城市（佚名，2017）①；伦敦是全球首个提出低碳经济概念的城市，其南部的贝丁顿正在建设全球首个"零能耗"社区；东京则在努力将其低碳发展的经验推广到全球。

上海作为全球化的大都市，既有温室气体减排的条件，也有温室气体减排的需要，更有温室气体减排的责任，在制定低碳发展促进生态品质提升的战略时，应体现出世界城市的担当，使自己成为全球温室气体减排的新一代示范者、引导者和显著贡献者。

7.3.4　碳汇建设和碳源控制是低碳发展的两大支柱

碳汇增加具有与碳源控制同样的碳减排效果。

世界城市在低碳发展过程中大多碳源碳汇两手抓，两手都不软。如纽约在首期公共建筑的低碳化改造过程中，要求无论是政府机关还是学校等都需要在改造落后设施提高能效或进行清洁能源替换的同时，植树造绿；哥本哈根在减少碳排放的同时，积极采取措施保护林木草地，并强制屋顶绿化，以增加碳汇；伦敦则在减少碳源及其排放的同时，鼓励社区、街道的绿化，并要求周边的农业区除了加强

---

① 佚名. 巴黎市政府宣布于 2030 年禁止汽油车上路. [EB/OL]. (2017—10—5). http://auto. sina. com. cn/zz/2017—10—25/detail-ifymzksi1630631. shtml.

技术和管理,减少内涵 CO_2 排放的投入外,还要保持一定比例的草地,种植作物多样化,通过粮食增产、绿肥增加等方式增加碳汇。

稳定健康的生态系统基础是生态品质可持续提升的保障,是可持续发展的城市依托,也是追求人与自然和谐共处的基石。碳源碳汇平衡是城市生态系统健康的基本条件。因此,上海要提升生态品质,必须具有最基本的碳汇能力,碳源、碳汇一起抓。

7.3.5 长期规划、明确目标

以低碳发展提升城市生态品质不是一蹴而就的事情,是一项长期而又艰巨的任务。在此过程中,长期的规划和明确的阶段目标是实践低碳发展、推动生态品质有效提高的重要方略。

如伦敦实施低碳发展时,曾对 2020 年、2025 年、2030 年的关键大气污染物 $PM_{2.5}$、N_2O、SO_2 等影响大气生态品质的指标做出明确的数字说明,并将计算方法、相关数据库、图表和文字说明置于市政府门户网站上,供居民根据政府的推进项目随时进行比照。另一国际大都市纽约在低碳发展的过程中也对 2030 年、2050 年的碳减排目标及低碳经济推进不同阶段的项目群和资金保障等作出明确的规划和说明。这些科学的规划和目标的制定使它们的低碳发展之路有据可依,有理可循,从而取得骄人的成效。

有鉴于此,未来上海首先要制定科学的长期规划和明确的阶段性目标,从而为自己的低碳发展和生态品质的提升奠定坚实的基础。

7.3.6 加强低碳技术支持,激发民众实践热情

就碳排放和减排现状看,仅仅依靠现行技术,通过加强管理,实现节能减排的潜力十分有限,需要依靠深刻的清洁技术和清洁能源的革命性变革。作为世界城市的纽约、伦敦等都不遗余力地加强新能源技术的采用和研发,通过不断提高能效和发展的质量来减少碳排放,从而形成低碳发展,水到渠成地提高了生态品质。因此,加强低碳技术的研发和运用,才是低碳发展促进生态品质提升的根本之道。

同时,低碳发展提升生态品质的思路与实践应当是政府和民众齐心协力的活动。仅靠政府一头推动,没有民众的积极参与,这项任务难以完成。在此背景下,

世界城市都十分重视激发居民的实践热情。纽约政府在推动公共建筑低碳改造时,就选择了私人建筑进行改造,进而形成示范,有力地推动了全民参与低碳发展的热情。

可见,低碳发展的一个重要条件就是新的低碳技术的研发与应用,这需要企业和政府同时努力。此外,低碳发展还需要民众的积极参与,而政府在此过程中的大力推动对激发民众参与度有着重要的影响。

7.3.7　加强低碳文化建设,转变行为方式

低碳发展推动生态品质提高落实到长效实践中,就需要长期的文化支持和行为方式的转变。

世界城市在低碳发展的过程中,都注重低碳文化建设和生态保护的宣传教育,并将这些文化知识和理念渗透进民众绿色生产、绿色消费、绿色出行的实践之中,力求将低碳发展和生态品质的提升内化到民众的日常习惯和行为方式中,形成一种自觉促使城市经济向超低碳方向发展、生态品质向极佳等级迈进的趋势。

要实现低碳发展促进生态品质提升,加强低碳文化建设,力促人们的行为方式发生转变至关重要。要借助各种宣传手段和组织机构的力量,传播低碳文化,进而使低碳文化和低碳理念深入人心,最终促使人们的生产和生活方式向低碳化方向发生深刻的转变。

7.3.8　构建四位一体的治理结构

国际经验表明,低碳发展提升生态品质的成功与否决定于制度的变革。这需要强有力的政策安排,需要政府、企业、NGO、公众的共同参与和主要领域标杆性项目的示范(刘先雨,2012)。[①]

首先,政府承担低碳经济发展和生态品质提升的领导与管理,可以通过财政补贴和税收以及搭建碳交易平台、生态品质监控平台和居民生态需求监控平台,营造有利的外部环境(刘先雨,2012)[②]。

---

①　刘先雨. 借鉴国际经验加快大连低碳城市建设的思考[J]. 时代经贸,2012(32):39—40.

②　刘先雨. 借鉴国际经验加快大连低碳城市建设的思考[J]. 时代经贸,2012(32):39—40.

其次,企业作为产品的生产主体和 CO_2 的排放主体,应该成为低碳产业发展和低碳产品开发的主要践行者,在不断推动低碳技术和低碳产品开发的过程中努力降低碳排放量。

再次,NGO 作为非政府组织,应当充分发挥其独特的作用,积极致力于低碳发展理念的传播和普及,动员社会公众广泛参与到低碳发展的行动中来。

最后,社会公众应该成为低碳消费和低碳生活的主体,他们不仅是低碳发展带来的生态品质提升成效的评价者,也是低碳发展的参与者。

在低碳发展政策制定和实施的过程中,要由政府主导,促进政府、企业、NGO、公众的广泛参与和合作,促进企业决策者和公众转变观念,引导公众进行相应的行为建设,发动全民参与低碳城市和生态品质提升建设(李平,2010)[①]。

7.3.9　促使能源、建筑、交通低碳化

促使能源、建筑、交通低碳化是提升生态品质的核心内容。综合以上不同国际大都市的卓有成效的低碳实践及其改善城市生态品质的经验可以发现,其关键内容包含以下三大方面:

① 发展清洁能源,以天然气、风能、太阳能等绿色能源及可再生能源替代高碳高污染的石油、煤炭等化石能源。同时,推广清洁分布式能源使用和热电联产,减少电力等因长途运输而导致的损耗,提高能源利用效率。

② 加强建筑用能管理,建设低碳建筑。例如,增加负荷管理项目及实时定价来消减用能高峰时的负荷;严格新建建筑标准,采用低碳乃至零碳建设方案以减少碳排放;对既有建筑进行改造,置换节能灯具及其他节能电器,对建筑墙体加装保温隔热材料,促使建筑使用过程中的采暖和降温具有更低的能耗和更高的效率。

③ 加强低碳交通建设。例如,通过征收拥堵费、取消清洁能源高能效车辆消费税等措施,激励居民购置清洁能源汽车、混合动力汽车;依靠新能源技术,制造高效能低排碳的新能源汽车;建设更加密集的公共交通网络,增加公共交通的可达性,鼓励居民多以公交通勤,减少私车上路;增加自行车停放点,鼓励短距离的

---

① 李平.低碳城市建设的国际经验借鉴[J].商业时代,2010(35):121—122.

自行车出行,建设快速自行车车道,减少排碳的机动车使用。

　　总体而言,只有切实降低碳排放,解放出更多的生态容量和生态空间,才能提高生态品质,发掘并大幅提高城市潜在的生态品质。

第 8 章　上海以低碳发展提升生态品质的优势和劣势

8.1　上海以低碳发展提升生态质量的若干"瓶颈"因素

8.1.1　生态系统组织零散,功能退化

从整个城市复合生态系统看,城市生态可以看作水生态、林生态、土壤生态、农业生态和大气生态的集成。

就水生态而言,上海水网流动慢,污染没有得到根本解决,尤其是作为一个河湖水生态和海水生态兼具的城市,两者的有机联系和提升式耦合没有体现出来,近海区域成为河流污染物和其他污染物的倾泻地。上海大多数河流水生态处于非健康状态,水网系统自净化能力很弱。河流人工化、混凝土护坝等造成了河道的硬质化,一定程度上隔绝了土壤和水体之间的物质交换,切断了土壤和植物的水体交换,以致生境异质性减弱,水生态系统退化,水草生长减少。岸边修建的绿树和亭台虽然丰富了景观,但导致植物密度减低;河道淤积严重、内源污染物负荷过大,水体污染,生物群落退化。所有这些在破坏河流自然生态的同时,也降低了碳汇(周冯琦,2017)[①]

---

① 周冯琦.上海资源环境发展报告[M].北京:社会科学文献出版社,2017:124—126.

　　就林生态而言,上海城市森林系统的生态涌现性尚不够好,生态系统与居民的生活和生产系统的耦合效应有待提高。近年来,上海注重生态城市建设,并取得了多项成绩。2008 年上海成为首批低碳城市试点,2003 年被评选为国家园林城市,目前正在建设生态之城。在此背景下,上海的森林覆盖面积有了很大的增长。2012 年到 2016 年上海市绿化覆盖面积从 134 405 公顷增长到 143 029 公顷,相当于增加了 42 个辰山植物园;林地总面积从 100 503 公顷增长到 111 604 公顷,共计增加林地 16.6 万亩,相当于 15 500 个足球场大小;森林覆盖率提升了 3 个百分点,达到 15.56%;湿地保有量为 46.46 万公顷,建立了两个国家湿地公园、3 个禁猎区、4 个自然保护区和 5 块国家(级)重要湿地;立体绿化建设力度不断加大,2016 年新增立体绿化 41 万平方米,完成高架桥柱绿化 1.2 万根,五年累计新增立体绿化 170 万平方米;全市建成区绿地面积达 34 104 公顷,其中公园绿地面积达 18 957 公顷;人均公园绿地面积增加 0.6 平方米,达到 7.8 平方米(佚名,2017)。[①]

　　从总体上看,上海的森林面积仍然太少,且分布零散,城市森林的生态功能、社会功能和经济功能较弱,整体森林建设还没有形成城市森林体系。根据《国家森林城市评价指标》(2004)的标准,当选城市的森林覆盖率南方城市大于 35%,北方城市大于 25%,人均公共绿地面积达到 9 平方米;根据《全国生态城市建设规划》的要求,生态城市居民距离绿地的步行距离应小于 30 分钟,人均绿化面积应大于 30 平方米(1995)。由此来看,上海的森林覆盖率、人均森林绿地面积等还没有达标。上海离森林城市、生态城市还有很大的距离。

　　就土壤生态而言,上海问题也很严重。以滩涂为例,上海滩涂生态系统因经济活动、圈围、生物入侵以及污染的影响,其生态品质严重下降。首先,经济活动在使滩涂受到污染的同时,滩涂生物的栖息地也遭到破坏,滩涂环境发生了很大变化。其次,由于不断的圈围,滩涂面积大规模减少,自然植被被破坏,围垦后营造的人工湿地不能完全替代自然湿地的水鸟栖息地功能,却打破了原有湿地的自然演替规律,改变了生物多样性的维持机制。最后,生物入侵,如互花米草的入侵

---

　　① 佚名.为上海生态之城增添绿色底蕴[N].解放日报.[EB/OL].(2017—10—16).https://www.jfdaily.com/journal/2017—10—16/getArticle.htm? id=238078.

及大面积扩张是上海滩涂湿地目前最严重、最紧迫的胁迫因子,严重威胁着土著植物,减少了原有的优质生物栖息地,加强了上海滩涂湿地基于碎屑系统的物质流,还可能改变滩涂湿地向海洋和大气中的物质输出(谭娟等,2012)。[①] 所有这些都严重妨害了上海的土壤生态系统,也严重影响了其碳汇功能。

此外,由于水生态系统污染严重以及化肥、化学农药等污染物的大量使用,上海农业生态系统也遭到很大的破坏,提供健康型生态服务的能力下降;而工业污染所带来的大量碳排放及伴排物使大气生态系统运转超出了正常载荷,出现雾霾、酸雨等现象,无法提供清洁的空气。所有这些无疑也使上海的农业生态系统和大气生态系统碳汇低下。

因此,上海应当发挥生态环境复杂多样化的特点,借助低碳经济发展,建设强大的城市复合生态系统,使人与生态系统之间、生态系统各子系统之间的正向耦合机制得到强化,进而充分发掘其碳汇潜力,形成更大的生态福利。

8.1.2　碳汇资源存在短板

上海是一个拥有 2 315 万人的大都市,土地面积却仅有 6 340 平方千米(2016 年),人均面积不足 300 平方米,明显低于国内的其他大都市。如北京有人口 2 170 万人,土地总面积为 16 410 平方千米(2016),人均面积在 700 平方米以上;天津市常住人口为 1 562.12 万人,土地总面积为 11 916.9 平方千米(2016),人均面积近 800 平方米。显而易见,上海经济规模庞大、人口活动频繁且众多,但人均土地面积太少,以致人均生态资源太少。在中国严格的行政区管制和行政区经济的发展模式下,上海的碳汇资源相对过少。在此背景下,即使碳排放有所下降,上海的生态品质依然难以明显提高,与世界城市的生态品质差距仍会日益扩大。

8.1.3　对福利的影响具有不平衡性

若以联合国人类发展指数表达福利水平,福利可以细分为 GDP、教育和健康

---

① 谭娟,王卿,黄沈发,王敏,沙晨燕.上海市滩涂湿地土壤质量评价[J].广东农业科学,2012(23):163—167.

三个方面,分别视为经济福利、智能福利和健康福利。从当前情形看,高碳发展的最直接结果是影响大气生态质量,造成部分人口的肺癌、呼吸道发病率提高,寿命缩短;其次水污染和土壤污染,通过食物链影响居民健康。其对经济的影响主要是通过酸雨、雾霾等方式对经济产生负面损失。据 2004 年国家统计局的核算,生态品质恶化带来的经济福利损失超过 GDP 的 3%。

目前,高碳发展对教育福利的影响尚缺乏研究,但一些报道标明,环境污染、低下的生态品质影响婴儿的智力发育,进一步影响后天的教育福利。最新研究还显示,大气污染会降低人类的生育能力。

总体而言,高碳发展所造成的生态环境的恶化对健康福利的影响最大,其次是经济福利,再次是教育福利乃至繁衍福利。

8.1.4 能源结构、产业结构具有"双重"特征

首先,上海的能源机构中煤炭等重碳能源的比例过高,而石油、天然气等轻碳能源的比例较低,水电、风电、核电、太阳能等零碳能源比例更低。

其次,上海的产业结构中,虽然服务业的比例超过 60%,但与东京、伦敦、纽约等城市产业机构中服务业比例占 80% 以上比较,仍然较低。从服务业产值来看,交通运输、房地产(办公等公用建筑及家居建筑耗能很大)、批发零售邮电仓储等比重过大,属于服务业中的重碳部门,而信息、研发服务、教育等高附加值、低碳型产业比例太低。从工业结构来看,上海的钢铁、电力、化工、建筑、水泥等资源密集型、生态资源容量消耗密集型的重工业及其他产业部门比重较大。

上述事实表明,目前上海的能源结构和产业结构均呈现重碳特征。

8.1.5 相关技术和管理政策不足

(1)上海的低碳技术及污染治理技术创新不足

目前,上海单位 GDP 排放的二氧化碳较高。2014 年上海单位 GDP 排碳量是英国的 1.2 倍、法国的 1.7 倍、巴西的 1.3 倍、新加坡的 1.9 倍、香港的 1.6 倍和伦敦的 15.7 倍。相对较高的碳排放密度充分说明上海能源效率和低碳技术较低。

另外,对上海污染治理效率的计算表明,烟粉尘、SO_2 及 COD、重金属等碳排

放的伴生污染物治理都存在投入过度与去除不足并存的现象。这说明上海的污染治理技术不够先进，技术进步不足，严重影响了治理效率。

（2）生态品质管理政策不够系统

影响生态品质的污染具有多面性和系统性，既涉及不同产业部门，也涉及不同产业链、不同社区、不同产业集群，需要系统性政策支持低碳实践与节能减排。

目前，上海低碳发展与生态品质管理中存在着政策系统性不足的情况，具体表现为：

① 尚没有全面推进排污权交易等激励性污染控制与生态品质提升制度；

② 重点关注工业的低碳化和伴生污染治理，对交通、商业建筑和居民的低碳政策力度不足；

③ 没有将低碳发展与城市生态品质提升融为一体，而是出于单独的环境治理、完成国家减排目标任务等目的，将大气污染、水污染分而治之，以致协同不足，减弱了以低碳发展改善生态品质的综合效应；

④ 政策目标主要是 CO_2 及伴生污染物的排放量和减除量达标，没有聚焦在生态品质的改善上。

所有这些都使上海国际大都市建设与世界城市不够同步，从而使生态品质不时出现逆向退变的风险。

8.1.6　低碳化提升生态品质的水平与世界城市差距明显

目前，低碳化提升生态品质、争当全球温室气体减排的领导者已成为世界城市发展的潮流。伦敦、纽约、东京等都将低碳发展提升生态品质、引领全球温室气体减排作为城市发展的关键战略目标。它们根据碳排放的动态排放清单，制订了具体的长期减排目标及系统的减排政策和措施，并通过大数据支持平台，将相关动态数据、全球排放变化、C40 的动态及本国与本市政府战略决策、愿景和相关进展等全面呈现给市人、国人和世人，形成了低碳发展促进生态品质提升的稳定的动力凝集机制，CO_2 人均排放和总量排放均在不断下降。

伦敦 2013 年的碳排放比 2008 年减少了 19.3%，在此基础上提出 2030 年碳排放将比 2008 年进一步下降 42.5%；纽约市政府明确提出，2050 年 CO_2 排放在

2005 年的基础上将减少 80％；东京 2009—2014 年的 CO_2 排放减少 25％。

上海的目标是"卓越的全球城市"[①]，而碳排放却不断增加，中长期的减排目标和低碳与生态愿景尚缺乏确定性，仅在总体规划中有粗略的描述，低碳发展推动生态品质的稳定机制尚未形成。2016 年上海能源相关的碳排放比 2008 年增长 64.8％，2020 年比 2016 年增加 25％。目前，上海提出 2025 年碳排放要达到顶峰（我国的碳减排目标是 2030 年碳排放达到顶峰），2040 年要比顶峰减少 15％。由于人口、资源、环境制约，上海要完成这一目标，生态挑战很大。

8.1.7　碳汇发展的成本高

上海目前的未利用土地资源仅有 1.3 万公顷，而且主要是出于军事、运输、生态保护而存在下来的。自从三峡水利枢纽修建后，长江输沙量由 4.18 亿吨/年降到 2.18 亿吨/年，长江口促淤难度和速度加大。因此，要想发展绿色碳汇，就必须通过海岸带退垦、工业用地转换等来发展林地、草地增加碳汇，成本昂贵。

发展农业碳汇也同样成本高企。目前种植 1 公顷绿肥，政府需要补贴 3 000 元人民币（200 元人民币/亩），而 1 公顷绿肥在长势良好的情况下适时翻地，可减排 20 吨 CO_2，碳汇成本为 150 元/吨，这远远高于碳交易市场的价格。

由此可见，成本高是上海碳汇发展的根本阻力。再退一步，即使这些成本政府完全承担，但上海目前耕地不足 19 万公顷，近 10 年来最大绿肥种植也不过 65 万亩。因此，这种发展碳汇的思路深受限制。

8.1.8　人口压力巨大

目前，上海人口众多，已从 1292 年的仅为几十万人口的小县城，逐步增加到 2015 年的 2 425 万人（见图 8—1）、2022 年的 2 475 万人[②]。作为中国最发达也是人口众多的城市，上海不仅是中国经济的发动机，也是世界经济发展的重要节点。可以说，上海是中国的首位城市，也是具有全球影响力的世界城市。这是城市体

---

① 根据上海市城市总体规划 2016—2040：上海要"适应世界趋势，落实国家战略，立足市民期待，生态优先"；要建设"低碳典范城市，安全韧性城市，绿色、高效、经济、边界综合交通体系，创新和就业吸引力国际都市，大都市＋江南水乡"；总目标是建设"卓越的全球城市，令人向往的创新、人文和生态之城"；要在 2035 年建成"卓越全球城市，国际经济、金融、贸易、航运、科技创新中心和文化大都市"。

② 数据来自上海市统计局.

系给予上海的责任和义务。在此背景下,上海将 2040 年人口规划在 2 500 万人。然而,在中国 14 亿人口和滚滚海外人口的"拥戴"下,这一实践难度巨大。

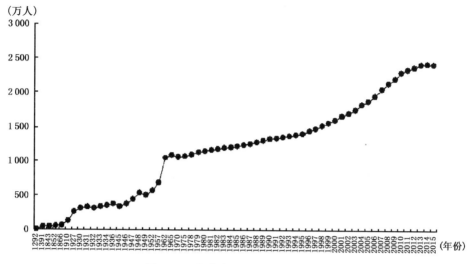

图 8—1　上海人口:1292—2015 年

更有甚者,即使未来上海真的能够将人口控制在 2 500 万人之内,在如此庞大的人口规模下,在仅有 6 300 多平方千米土地面积的条件下,不仅人均生态资源太低,而且每人增加 1 平方米绿地、森林、水域都异常艰难。

8.1.9　生态建设较为缓慢

生态建设是快速提升生态品质的重要手段。据测算,每公顷绿地相当于 189 台空调的作用,平均可以每天吸收 2.8 吨二氧化碳、2.2 吨粉尘,降低环境大气含尘量 50%;水域面积的增加可以降低城市温度 1~2℃;植被覆盖率每提高 5%,夏季地表温度可下降约 1.3℃(姜洋,2012)。[①]

武汉曾经是中国"四大火炉"之一,酷热夏季影响居民生活质量。1997 年开始,武汉加强了绿化建设,到 2016 年全市建成区绿地率从 26% 提高到 34%,绿化覆盖率从 31% 提高到 39%,人均公园绿地面积从 6.64 平方米提高到 11.2 平方米。2016 年 7 月,武汉颁布《武汉市基本生态控制线管理条例》,提出建设生态风

---

① 姜洋.你住在"热岛"上吗[J].黑龙江科学,2012(12):20—21.

道、增加水域面,加大绿化力度等对策措施(霍思伊,2017)[①]。以此为指导,武汉根据城市特点建设了 6 条城市风道,将夏季郊外清凉的湖区空气输送到市区。这些措施显著降低了武汉最热月份的城市温度。

相比较而言,尽管上海在不断加大生态建设的投资力度,但生态建设的提升速度依然不快。与 1998 年相比,虽然 2014 年上海中心城区绿化覆盖率从 19.1%增加至 38.36%,人均公共绿地面积从 2.96 平方米增加至 13.38 平方米,实现了出门 500 米即可见绿的目标(童家佳,2015)[②],但非中心城区距离这一目标仍然有较大的差距。

8.2　上海以低碳发展推动生态品质提升的有利条件

8.2.1　新思想为上海低碳发展推动生态品质建设注入新动力

继党的十八大明确提出生态文明概念并将之纳入“五位一体”的战略体系之后,习近平总书记在党的十九大报告中再次对生态文明这一理念进行了阐述,提出以新时代、新理念、新定位与新方略为根本,全面建设生态文明的重要思想。这一次的阐述更为全面,更为深刻。其“新度”着重表现在以下四个方面,其中的每个方面都将对上海低碳发展促进生态品质提升起到极大的激励作用:

(1) 准确界定了环境在“新时代”主要矛盾中的地位,开启了生态文明建设的“新时代”

长期以来,我国社会的主要矛盾是人民日益增长的物质和文化需要同落后的生产力之间的矛盾,但随着社会经济发展到今天,我国将很快全面实现小康目标并进入新时代,科技飞速发展,生产能力大幅度提高,人们基本的物质和文化需求得到了满足。根据马斯洛需求理论,基本需求满足后人们必然开始对产品和服务

---

① 霍思伊.武汉是怎么摘掉“火炉”帽子的[J].中国新闻周刊,2017(28): 20—25.

② 童家佳.受众对上海城市形象的认知差异研究——以上海常住居民与外省市居民认知差异实证调查为例[D].上海师范大学硕士论文,2015.

的质量、数量、种类有了新的需求,尤其是对生态环境品的质量、数量和品质有了更迫切的需求。而在此阶段,生态环境遭到破坏,安全的生态产品、生态服务和生态环境日趋稀缺,是大多数国家发展进程中面临的普遍问题。

审时度势,党的十九大报告准确判定了当前我国社会主要矛盾已转变为人民对美好生活的需要与发展不平衡、不充分之间的矛盾。而发展的不平衡和不充分包括环境污染的非均衡性及生态和低碳发展的不充分,直接表现为我国 2022 年的 GDP 超过 120 万亿元,而大部分江河湖泊、近海被不同程度污染,生物多样性在减少,食品、大气、水等存在不同程度的安全隐忧,高品质的生态产品非常稀缺。美好生活需要优美的生态环境,正确认识当前主要矛盾及生态环境问题对解决当前主要矛盾的影响,对于解决这个矛盾意义深远。加强绿色发展,有效保护生态环境,改革生态管理制度,实施严格的环境标准和处罚手段等,标志着我们党正在逐步开启生态文明建设的"新时代"。

(2) 准确概括了人与自然生态环境的关系,成为上海生态品质提升的新理念

地球演化理论和达尔文进化论证明了生命系统的演化规律:原始海洋形成以后生命演化才逐步进入加速进程,从低级生物慢慢演化出人类,人类本身是生态环境的一部分,是生态环境的自然产物。人类初始阶段无法改变生态环境,只能被动适应。随着人类的发展,人类活动开始逐步影响环境并改变了环境,进而破坏了生态环境,人类在日益失去安全存在和发展的"母体"——生态环境。

人类发展的历史告诉我们,人与自然生态环境只有和谐相处,才能持续发展。习近平总书记在党的十九大报告中提出"人与自然是生命共同体,人类对大自然的伤害最终会伤及人类自身,这是无法抗拒的规律",我们要"像对待生命一样对待生态环境",表明我们党正将这一人与自然和谐发展的理念推进到全国人民的伟大实践中去。这在人定胜天的旧识尚未远去,急功近利的私心尚在横流,发展不平衡尚在扩大,相关利益者的阻力依然强劲的现实下,展示了党建设生态文明的巨大决心和勇气,是科学、智慧和崭新的实践新理念。这一理念深刻地告诫我们,上海的低碳发展与生态品质提高,要在尊重自然规律和保护自然生态的基础上实施。

(3) 提出长远和中近期结合、标本兼治的新方略

党的十九大报告提出了"建设生态文明是中华民族永续发展的千年大计,要

树立和践行'绿水青山就是金山银山',人与自然和谐的理念,坚持节约资源和保护环境的基本国策"等长期方略。

同时,报告还明确了亟待解决的环境问题,如要继续加强大气污染防治、水污染控制、流域和近海污染治理,加强土壤污染管控和修复,加强农业面源污染防治和农村人居环境整治行动,加强固体废弃物和垃圾处置;构建绿色低碳循环发展的经济体系和市场导向的绿色技术创新体系,发展绿色金融,壮大节能环保、清洁生产及清洁能源产业;要严格保护耕地,扩大轮作休耕试点,重塑地—草—林—河—湖—海休养生息制度等近期付诸实施的方略;"设立专门监管机构,统一行使全民所有自然资源资产所有者职责,统一行使所有国土空间用途管制和生态保护修复职责,统一行使监管城乡各类污染排放和行政执法职责";开展创建节约型机关、绿色家庭、绿色学校、绿色社区和绿色出行等行动;"引导环保技术创新,推动能源生产和消费革命,培养绿色的生产生活方式"等。

这些方略和环境问题的提出不仅使上海低碳发展和生态品质提升形成了新的定位,也为其提供了新的指南。

（4）展现了大战略、大视野及大国环境责任的新定位

党的十九大报告将中国置于全球视角,以全球战略视野,以积极姿态和踏实有效的行动,将解决我国的生态环境问题置于全球问题框架中,同时向全国和全世界庄严诠释了中国的 CO_2 减排承诺,提出要成为世界生态环境建设的贡献者和积极的引领者,明示了我国生态文明建设的新定位。这将激励上海将低碳发展与生态品质的提高置于全球视角,成为全球低碳发展和生态品质提升的引领着、贡献者。

8.2.2　多层次、多类型的碳库系统

上海具有的多层次、多样化的碳库系统是提升生态品质的重要条件。上海是江南水乡,湿地类型丰富,具有湿地碳库。上海具有很长的海岸线,所管辖的海域超过 10 000 平方千米,远大于陆地面积,具有很大的海洋蓝色碳汇发展潜力。上海的土壤、植被和大气碳库因处于世界最大的海洋——太平洋西岸的湿润亚热带,具备很大的碳库容量。

上海碳库系统的这一优势表现为:只要保持生态系统的健康状态,就可以大

力吸收过量的碳排放,并阻挡和吸附、吸收若干 CO_2 伴排污染物,弱化或消除温室气体过量释放于大气系统所带来的生态品质的恶化。

8.2.3   政府的高度重视和积极实践

近年来,上海市政府十分重视城市生态品质的提升。目前,全市建成了 52 个空气质量自动监测站,各区县都实现了空气质量分区实时发布;市政府为治理大气污染而制定的《清洁空气行动计划》(2013—2017)中所列的 119 项治理任务完成了近三成。在此基础上,"十三五"规划又提出,2020 年全市能源消费总量控制在 1.25 亿吨标准煤以内,年均增速在 1.86%左右;煤炭消费总量实现负增长,进一步提高煤炭集中高效发电比例;全社会用电量控制在 1 560 亿千瓦时左右;煤炭占一次能源比重下降到 33%左右,天然气消费量增加到 100 亿立方米左右,占一次能源比重达到 12%,并力争进一步提高,非化石能源占一次能源比重上升到 14%左右,其中本地非化石能源占比上升到 1.5%左右;本地可再生能源发电装机比重上升到 10%左右(其中风电力争新增装机 80 万千瓦,光伏新增 50 万千瓦)(马宪国,2017)[①];全市燃煤机组污染物排放水平进一步下降,力争全市火电机组平均供电煤耗下降到 296 克/千瓦时左右,电网线损率下降至 5.85%,天然气产销差率下降至 4.7%(陶磊等,2017)[②]。之后的上海城市总体规划(2016—2040)和上海城市总体规划(2017—2035)又进一步提出了低碳发展提升生态品质的长远目标,即建设生态之城,并开始实践。

另外,2015 年《巴黎协定》达成,碳排放的峰值目标实施进入日程,中国步入应对气候变化政策实施和市场建设的第三阶段,宏观政策施力点将逐步过渡到总量控制,化石能源消费将出现拐点,低碳能源投资将超过传统能源,全国碳市场正式启动,以增长转型、能源转型、消费转型为主的低碳革命进入提速增效阶段(柴麒敏,2016)。[③] 这将推动上海的碳减排,使上海的碳排放有望在 2025 年左右提前见顶,也将加速低碳发展,推动生态品质提高。

---

① 马宪国.世界能源供需形势与上海能源转型发展[J].上海节能,2017(12):685—687.
② 陶磊,李国民,王崇如,周轶喆,朱庆华.西门子1000MW超临界机组气门底座裂缝的现场处理[J].电力与能源,2017(2):188—190.
③ 柴麒敏.后巴黎时代中国的低碳发展[J].浙江经济,2016(12):8—9.

总体来看,上海在规划未来发展中以生态为"底色",突出加强了如下建设:

(1)重视从土地规划上调整生态用地

从用地规划看,上海在未来的 15—16 年的时间里,生态和广场用地大幅度增加,保持绿化和农业的总面积大致稳定,使其大约占上海陆域面积的 1/3 左右(见表 8—1)。其基本目的是通过强劲的生态建设,保障上海在未来不断增强的生态冲击与干扰的情况下依然能达到提升生态品质的目的。

表 8—1　　　　　　　　　上海 2017—2035 年土地规划方案

用地类别		2015 年现状		2035 年规划目标	
		面积(平方千米)	比例(%)	面积(平方千米)	比例(%)
建设用地	城镇居住用地	660	21.5	830	26
	农村居民点用地	514	16.7	≤190	≤6
	公共设施用地	260	8.5	≥480	≥15
	工业仓储用地	839	27.3	320—480	10—15
	绿化广场用地	221	7.2	≥480	≥15
	道路与交通设施用地	430	14.0	640	20
	其他建设用地	147	4.8	200	6
	合计	3 071	100	3 200	100
非建设用地	耕地	1 898	—	1 200	—
	林地	467	—	980	—
	其他非建设用地	1 397	—	1 453	—
	合计	3 762	—	3 633	—
总计		6 833	—	6 833	—

注 1:根据国标《城市用地分类与规划建设用地标准》(GB 50137—2011)的用地分类和比例要求,按照规划发展目标导向,结合现状用地结构,确定各类规划用地比例构成。在各区总体规划、单元规划层次和详细规划层次,应当根据用地平衡表的比例要求,在各类用地功能区内部细分用地分类,确保各类用地比例的深化落实。

注 2:未来上海将结合长江口、杭州湾河势控制形成新的土地,规划用地构成将在严格控制规划建设用地总规模前提下适当调整。

注 3:规划用地平衡表的用地分类与规划用地布局图不是一一对应关系,用地布局规划图采用主要功能区的表达形式,代表该地区主要的用地功能引导,内部应布置必需的配套设施用地,还可以布置其他可以兼容的用地。

资料来源:上海市总体规划(2017—2035)图集[EB/OL].(2018—1—1).

（2）构造动态的生态协调机制

生态品质的保持和提升需要动态机制的支持。上海以东海近海和淀山湖为两大核心，借助于沿岸流、钱塘江和长江、黄浦江等水流，建设"穿透性"生态交换通道，通过流动性生态资源（水体和人为或自然的物质流）的交换，平衡生态容量与自净化能力的匹配，减少局部地区的超高生态压力，支持生态品质提升（上海市政府，2018）[①]。

（3）加强生态资源的观瞻性建设，提升生态品质

生态品质不仅决定于生态资源数量，还决定于生态资源的种类、结构、景观特征和可及性及舒适度。上海为了充分发掘这一方面的潜力以提升生态品质，进行了两方面的规划：一方面是基于区域生态基地和特色，构建若干生态公园和生态活动区；另一方面则系统规划绿道系统，将主要的生态公园和生态活动区连接起来，配置游憩设施，在增加生态景观可及性和观瞻面的同时，引入旅游创收特性，形成对这些生态适度的经济开发，并以适度的经济开发在一定程度上形成对这些生态带维护和升级的支持，从而进一步提升上海的生态品质（上海市政府，2018）[②]。

（4）优化生态资源的配置

根据规划，上海注重郊区农业生态资源和生态空间的开发，同时注重科学开发主城区的生态资源和生态空间。根据两大生态系统的差异，上海一方面对两大生态系统进行内部规划，增强其系统性、动态性和流动性，提升生态资源和生态空间的综合价值和舒适性，促进生态品质的提高；另一方面，利用绿、蓝、紫不同的线条将自然和人文生态资源划区标识，根据生态资源丰度进行生态区划分（上海市政府，2018）[③]，确定上海生态资源与生态空间综合开发的类型和时空序列，以促进公平与可持续维度的生态品质的提升。

（5）重视生态容量的建设

近年来上海努力修复生态破损区，构建大型绿地、公园等，借此将生态功能区保护起来，增加了生态容量资源。

---

①　上海市政府.上海市总体规划(2017—2035)图集[EB/OL].(2018—1—1).
②　上海市政府.上海市总体规划(2017—2035)图集[EB/OL].(2018—1—1).
③　上海市政府.上海市总体规划(2017—2035)图集[EB/OL].(2018—1—1).

　　总体来看,以往上海市政府基于控制碳排放为主导的生态资源破坏与修复尚不协调,开发不足与过度开发并存。其具体表现在内外生态资源的协调不足,生态景观和生态空间的展现面不足,开发与保护不协调等。如今,上海通过全面动员相关力量,对自身的生态资源与生态空间及生态服务进行细致科学的研究与规划,增加了上海生态资源的数量和质量,优化了种类结构和空间匹配,并顺应自然和人文规律,构造了动态发展和更新机制,促进了其可持续性和柔性服务的供给,成功促进了生态品质的提升。

8.2.4　雄厚的资本和技术

　　上海低碳发展的技术优势明显,如:上海石洞口电厂采用了先进的碳捕捉技术,东海电厂、崇明电厂等采用了先进的光伏发电技术,火电厂广泛采用脱硫脱硝除尘技术,农业广泛地采用了测土配方施肥、生物防虫等低碳技术,许多先进制造业部门在不断研发和采用节能降耗的新兴低碳技术。这些先进的低碳技术和污染治理技术,成为保障上海低碳发展和生态品质提升的重要力量和坚实基础。

　　上海同样具有很强的资本实力。1995 年上海环境投资为 46.49 亿元,2015年上升到 607.88 亿元,环境投资占 GDP 的比重 1990 年为 2.06%,2009 年为 3.06%,2015 年为 2.83%(见表 8—2)。2016 年,上海全市环保投入资金约 823.57 亿元,相当于同年上海市生产总值(GDP)的 3.0%。其中,城市环境基础设施建设投资为 319.00 亿元,污染源防治投资为 278.94 亿元,生态保护和建设投资为 1.85 亿元,农村环境保护投资为 95.68 亿元,环境管理能力建设投资为 6.69 亿元,环保设施运转费为 115.81 亿元,循环经济及其他方面投资为 5.61 亿元,分别占总投资的 38.7%、33.9%、0.2%、11.6%、0.8%、14.1%和 0.7%[①]。

表 8—2　　　　　　　　　　1990 年以来上海环境投资及其占 GDP 比重

年　份	上海市生产总值(亿元)	人均生产总值(按人民币计算)	人均生产总值(按美元计算)	环境投资	占 GDP 比重(%)
1990	781.66	5 911	1 236		2.06
1995	2 499.43	17 779	2 129	46.49	1.86

①　上海环境年鉴编委会.上海环境年鉴[M].上海:上海人民出版社,2017.

续表

年　份	上海市生产总值(亿元)	人均生产总值(按人民币计算)	人均生产总值(按美元计算)	环境投资	占GDP比重(%)
1996	2 957.55	20 647	2 483	68.83	2.33
1997	3 438.79	23 397	2 822	82.35	2.39
1998	3 801.09	25 206	3 045	102.13	2.69
1999	4 188.73	27 071	3 270	111.57	2.66
2000	4 771.17	30 047	3 630	141.91	2.97
2001	5 210.12	31 799	3 842	152.93	2.94
2002	5 741.03	33 958	4 103	162.39	2.83
2003	6 694.23	38 486	4 650	191.53	2.86
2004	8 072.83	44 839	5 417	225.37	2.79
2005	9 247.66	49 648	6 061	281.18	3.04
2006	10 572.24	54 858	6 882	310.85	2.94
2007	12 494.01	62 040	8 159	366.12	2.93
2008	14 069.87	66 932	9 637	422.37	3.00
2009	15 046.45	69 165	10 125	460.42	3.06
2010	17 165.98	76 074	11 238	507.54	2.96
2011	19 195.69	82 560	12 784	557.92	2.91
2012	20 181.72	85 373	13 524	570.49	2.83
2013	21 818.15	90 993	14 692	607.88	2.81
2014	23 567.70	97 370	15 851	699.89	2.97
2015	25 123.45	103 795	16 665	708.83	2.82
2016	28 183.51	116 582	17 551	823.57	3.0

资料来源:上海统计局,上海统计年鉴[M].北京:中国统计出版社(历年).

在大量投资的支持下,上海的城市绿地面积从 1999 年的 11 117 公顷增加到 2016 年的 131 681 公顷,绿化覆盖率从 1999 年的 20.3% 提升到 2016 年的 38.8%(见表 8—3),绿化面积达到 131 680.92 公顷(见表 8—4)。

表 8—3　　　　　　　　**1999—2016 年主要年份城市绿地情况**　　　　　单位：公顷

年　份	城市绿地面积	其中			
		公园绿地	其中		附属绿地
			公园面积	街道绿地	
1999	11 117	3 856	993	2 863	6 888
2000	12 601	4 812	1 153	3 658	7 346
2001	14 771	5 820	1 291	4 529	8 624
2002	18 758	7 810	1 411	6 399	9 591
2003	24 426	9 450	1 473	7 977	10 218
2004	26 689	10 979	1 481	9 498	10 921
2005	28 865	12 038	1 521	10 516	11 591
2006	30 609	13 307	1 529	11 782	12 202
2007	31 795	13 899	1 675	12 224	13 590
2008	34 256	14 777	1 686	13 091	14 739
2009	116 929	15 406	1 687	13 119	17 376
2010	120 148	16 053	1 915	13 418	18 589
2011	122 283	16 446	2 151	13 499	19 442
2012	124 204	16 848	2 217	13 865	20 084
2013	124 295	17 142	2 222.07	—	20 645
2014	125 741	17 789	2 301.33	—	23 020
2015	127 332	18 395	—	—	23 711
2016	131 681	18 957	—	—	24 337

资料来源：上海环境年鉴编委会.上海环境年鉴[M].上海：上海人民出版社,2017.

续表 8—3　　　　　　　　**1999—2016 年主要年份城市绿地情况**　　　　　单位：公顷

年份	生产绿地	公园数（个）	游园人数（万人次）	行道树实有数(万株)	新辟绿地面积	绿化覆盖率（%）	自然保护区覆盖率（%）
1999	318	115	9 601	54	1 315	20.3	—
2000	388	122	8 184	57	1 458	22.2	7.8
2001	248	125	8 561	65	1 374	23.8	10.5

续表

年份	生产绿地	公园数（个）	游园人数（万人次）	行道树实有数（万株）	新辟绿地面积	绿化覆盖率（%）	自然保护区覆盖率（%）
2002	267	133	8 796	68	2 600	30.0	11.8
2003	335	136	9 629	74	4 904	35.2	11.8
2004	335	136	13 381	80	2 434	36.0	11.8
2005	335	144	13 656	83	2 116	37.0	11.8
2006	331	144	16 652	86	1 691	37.3	11.8
2007	204	146	18 342	69	1 629	37.6	12.1
2008	189	147	22 119	73	1 190	38.0	12.1
2009	230	147	21 671	76	1 096	38.1	12.1
2010	230	148	21 794	81	1 223	38.2	12.1
2011	213	153	20 481	93	1 063	38.2	12.1
2012	269	157	22 231	98	1 038	38.3	11.8
2013	267	158	20 574	99	1 050	38.4	11.8
2014	417	161	22 286	103	1 105	38.4	11.8
2015	417	165	22 208	110	1 190	38.5	11.8
2016	417	217	21 797	113	1 221	38.8	11.8

资料来源：上海环境年鉴编委会. 上海环境年鉴[M]. 上海：上海人民出版社，2017.

表 8—4　　　　　　　　　　　2016 年各区县绿化情况

地　区	城市绿地面积（公顷）	公园绿地面积（公顷）	公园数（个）	公园游园人数（万人次）
总　计	131 680.92	18 956.65	217	21 796.76
浦东新区	27 750.65	6 609.08	35	2 256.62
黄浦	274.27	172.42	13	2 982.16
徐汇	1 331.31	537.13	11	2 078.17
长宁	1 061.49	464.81	13	2 706.47
静安	767.24	294.06	13	1 516.90
普陀	1 310.77	619.24	19	3 036.55

续表

地　区	城市绿地面积 （公顷）	公园绿地面积 （公顷）	公园数 （个）	公园游园人数 （万人次）
虹口	411.85	155.10	9	2 146.52
杨浦	1 393.92	477.39	15	1 849.68
闵行	7 445.98	2 462.26	22	689.73
宝山	6 809.61	2 359.24	20	1 336.70
嘉定	8 619.33	1 341.28	19	429.87
金山	9 263.20	657.64	8	121.31
松江	11 780.91	1 123.52	8	354.55
青浦	11 689.58	833.67	7	80.58
奉贤	10 992.44	487.49	2	166.00
崇明	30 778.38	362.32	3	44.95

资料来源：上海环境年鉴编委会.上海环境年鉴[M].上海：上海人民出版社,2017.

8.2.5　广泛的合作网络和多重激励机制

上海作为中国的首位城市和世界城市，与国内国际许多城市联系密切，在低碳经济发展、应对气候变化、提高生态品质方面与主要低碳城市——C40 中的大多城市具有广泛的技术、管理、人才交流，这为上海低碳发展与生态品质提升构造了开放的环境。

上海与长三角生态治理和低碳发展的一体化共进退，促进了上海低碳化发展的实践效果。上海与海内外城市的经贸往来，可以自由输入生态密集型产品，节省了上海自我生产对生态容量资源的损耗。同时，上海在国家监督下建设低碳城市、生态城市、海绵城市、园林城市，通过加强碳排放权交易建设、生态补偿制度建设等，形成了低碳经济发展和生态品质提升的多重激励机制。

所有这些都为上海低碳发展提升生态品质提供了必要的基础。

第9章 促进上海生态品质提升的碳汇发展战略

9.1 发展城市碳汇对上海生态品质提升的重要性

9.1.1 发展城市碳汇对城市生态品质提升重要性的一般分析

一个城市的发展需要具有基本的碳汇,也就是说需要具有一定量的林地、草地、湿地、农地、水域等不断吸收 CO_2,同时释放氧气并防风固沙、保育土壤、调节小气候、美化环境等。如果碳汇过少,城市即使处于零碳排放状态,生态品质也难以提升,城市难以宜于人居。因此,碳汇是城市生态品质的基础要素,不可或缺。碳汇对生态品质影响的弹性很大,较少的碳汇增加就会大幅度提高生态品质。

传统的高碳经济常常大量牺牲生态资源换取经济增长,致使城市碳汇处于基本碳汇线以下(见图9—1)。同时,由于碳排放量很大,常常过量超排,城市经济增长往往伴随着生态品质的剧烈下降。

随着低碳化发展,城市的碳排放水平已大幅度下降。但是,如果仅仅去除 CO_2 的超排而没有同步的碳汇建设,生态品质将依然低下(见图9—2)。只有在去除 CO_2 超量排放的同时进行同步或适度超前的碳汇建设,将碳汇量提升到基本碳汇线或以上,才会有城市生态品质的显著改善(见图9—3、图9—4)。如果具有良好的碳汇基础或强力的碳汇建设,随着低碳化的深入,城市经济可以达到碳中性,并拥有优秀的生态品质(见图9—5)。城市若不断追求卓越,碳汇建设不断强化,使碳汇能力超过碳排放,将形成超低碳型、生态品质极佳型的卓越生态城市(见图9—6)。

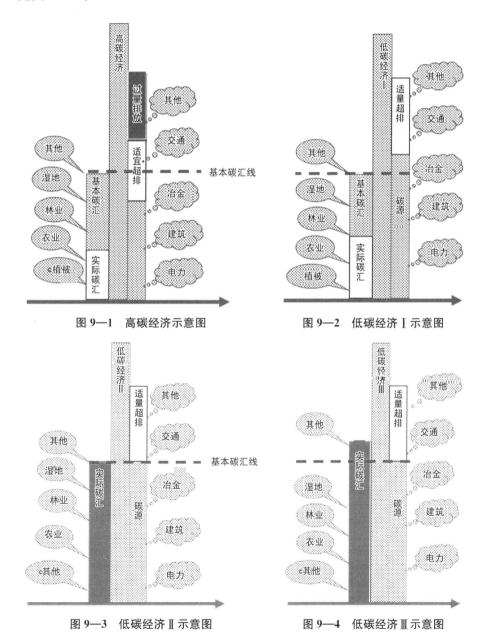

图9—1　高碳经济示意图

图9—2　低碳经济Ⅰ示意图

图9—3　低碳经济Ⅱ示意图

图9—4　低碳经济Ⅲ示意图

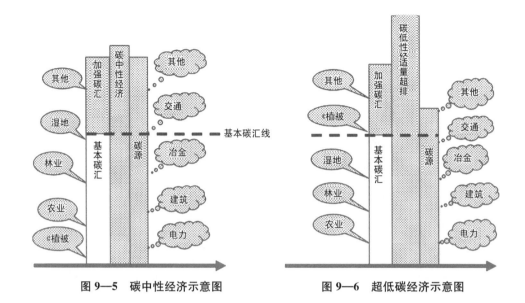

图9—5 碳中性经济示意图   图9—6 超低碳经济示意图

另外,联合国气候框架公约的气候应对战略明确提出,除了减少碳源排放外,增加碳汇同样是减少温室气体排放治理全球气候变化的有效战略措施。对于生态品质提升而言,碳汇的基本保有量是不可或缺的底线。对于许多低碳汇的高碳城市经济而言,长期以来的低碳汇已成为严重制约生态品质提升的短板,成为城市生态系统无法健康的"顽疾"。

9.1.2 上海碳汇的现状及与城市发展导向的关系

2014年全球城市实力指数报告显示,上海综合排名位于42个城市中的第15位,但生态环境层面的指标排名位于42个城市中的37位(龙亮军等,2017)。[①] 在生态—环境—资源约束下,增加碳汇能力,突破生态制约,是提升居民生态福利、保持城市可持续发展的重要内容。

上海近海及陆地水域污染较重,湿地耕作化很深,其碳汇能力弱小。目前,上海碳汇主要来自农作物和绿肥作物、绿地/林地/湿地。从1990年到2015年,上海农作物、农地和绿肥碳汇占总碳汇的比例在77.5%～47.6%,总碳汇与总排放

---

① 龙亮军,王霞.上海市生态福利绩效评价研究[J].中国人口·资源与环境,2017(2):84—92.

的比重呈现不断下降趋势,从 1990 年的 8.5% 下降到 2008 年的 3.0%,再下降到 2015 年的 3.95%。与其相比,上海林业绿地及湿地的碳汇比重一直低速增长,从 1990 年的 17.8% 增长到 2003 年的 26.4%,再到 2008 年的 30.2%。因为绿地建设的急速增加,2009 年上海的林业绿地及湿地的碳汇比重急速上涨到 43.8%,2015 年更是达 47.7%。

从碳汇绝对量来看,上海农—地碳汇 1990—1997 年基本稳定在 425 万吨到 457 万吨之间,1998 年后迅速下降,2015 年降为 328.7 万吨;林地/绿地湿地碳汇在 1990 年到 1999 年缓慢增长,从 99.3 万吨上升到 108.3 万吨,2000 年后增长加快,从 110.6 万吨上升到 2008 年的 148.4 万吨,2009 年继续增长到 312.7 万吨,2015 年增长到 329.4 万吨。

从上海园林、林地/绿地面积看,1995 年以来一直呈上升趋势。上海环境保护和生态建设"十一五"规划指出,2020 年城市建成区绿化覆盖率预计达 38%,人均公共绿地 13 平方米。根据规划,上海在 2010 年基本建成生态型城市框架体系,2020 年上海城市绿化达到国际城市水平,基本建成生态型城市。上海绿地和林地的增加,深受空间约束及绿化方法(如立体绿化)的影响。上海对湿地保护日益加强,但由于沿海的围垦,湿地依然有所减少,湿地碳汇基本保持不变。

目前,上海的近海蓝色碳汇大致在 32.5 万吨,占总碳汇的比率在 3.32% 到 4.88% 之间,但上海管辖着 10 000 平方千米的海域,其开发潜力巨大。

上海城市规划 2016—2040 年显示,2025 年上海 CO_2 排放达到峰值,2040 年比峰值减少 15%。届时,上海的绿色出行率将达到 85%,节能建筑率将达到 100%,河湖水面不低于 10.5%,$PM_{2.5}$ 为 20 微克/立方米,恢复水系统功能,土壤安全利用达标率为 100%,固废无害化和分类为 100%,生态用地占 60% 以上,森林覆盖率达到 25%,人均绿地 25 平方米,再生能源占总能源的 20%,人口 2 500 万,规划面积 6 833 平方千米,城市建设用地在 3 200 平方千米之内,人均建设用地 100 平方米,生产岸线不超过 40%,战略留白空间 200 平方千米。这一规划的逐步实施,将为上海碳汇发展提供坚实的保障(见图 9—7)。

同时也应看到,在这份总体规划中,上海的发展目标被定位为全球卓越的生态城市,这就力求建设成图 9—6 所描述的基本碳汇—碳源结构的生态品质极佳型城市。但目前上海仍处于图 9—1 所展示的高碳经济发展阶段。要改变现状,

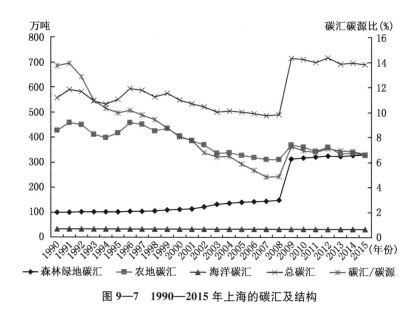

图 9—7　1990—2015 年上海的碳汇及结构

实现总体规划的目标,上海需要发展低碳经济,需要在注重减少碳源及其总量碳排放的同时,强力推进碳汇建设。这是低碳发展提升生态品质不可或缺的两大支柱(减少碳排放和增加碳汇)之一。

从本书的不同减排方案看,2040 年不同原则下上海的碳排放波动在 0.263 1 亿～5.794 亿吨,而 2015 年上海碳汇仅为 690.5 万吨。即使建成生态品质优等的卓越城市,上海需要将现有的碳汇水平在 2040 年提高 3～5 倍。这是一项急迫且极其艰巨的任务。

总之,随着城市的不断发展,上海在追求经济社会发展的同时,对环境保护和生态建设日益关注,使得未来的碳汇有所上升,但提升水平与政策的执行力度以及技术创新情况息息相关。

9.2　上海碳汇发展方略

9.2.1　农业碳汇及其发展战略

上海农业具有很大的碳汇潜力。2015 年上海亩均化肥施用量为 28.5 千克/亩,农药施用量为 1.3 千克/亩,均高于全国水平。2020 年上海计划化肥施用量下降到 24 千克/亩,农药施用量下降到 1 千克/亩(上海市政府,2016)[1],但这依然高于世界公认的化肥施用量 15 千克/亩和农药施用量 0.89 千克/亩的安全水平。因此,未来上海必将进一步采取节肥、节药措施。这在推动低碳发展的同时,将减少土壤生态污染,提高生态品质。更重要的是,它将使农业生态环境更健康,食品安全也得到保证。可见,农地—农业生态品质改善的生态福利效应十分明显。

今后在碳汇得到加强的情况下,上海应注重农业的结构和布局调整,加强合理的多样性发展,根据土地特征,决定开发的重点,如注重产品的安全性、系统的健康性以及能量的流动性等特点,分类发展有机农业、生态农业、循环农业等,合理调整粮食作物和经济作物比例,刻意将农作物适度连片造景,发展农业旅游,从而在提高碳汇的同时,提高收益,扩展生态福利。

(1) 保护耕地,提高耕地质量

继续实行最严格的耕地保护制度,推进节约土地和集约利用土地,改造耕地的土壤条件,保护耕地免受侵蚀,增加碳库功能。如目前政府支持的绿肥种植,一方面可以吸收 CO_2,另一方面又能提高土壤肥力,尤其是具有固氮机制的豆科绿肥已可替代化肥,应继续发掘其潜力。

在上海地区,适宜的绿肥有紫云英、豌豆、黑麦草、油菜、苜蓿等。1 公顷紫云英可以固碳 1.611 2 tC,固氮 0.146 7 tN。1 公顷豌豆可以固碳 0.949 2 tC,固氮 0.127 tN。紫花苜蓿、黄花苜蓿、红三叶、黑麦草、油菜等的固碳能力分别为 1.375 8 tC、0.974 3 tC、1.611 2 tC、1.254 43 tC 和 1.948 tC,固氮能力分别为 0.037 tN、0.042 7 tN、0.033 4 tN、0.005 tN 和 0.075 tN。种植紫云英、蚕豆、豌豆、黑麦草等绿肥,每年可固碳 19.5 t/ha,每公顷可少投入化肥 30%,折合纯氮 67.5 千克,减少二氧化碳排放 1.35 t/ha(上海交通大学课题组,2011)[2]。

在 20 世纪六七十年代,绿肥曾是提高作物产量的重要肥源,上海绿肥使用最高年份曾达到 160 万亩/年。今天绿肥重新成为上海农业/农村乃至生物生态工程的重要内容[3],对低碳农业、生态农业、绿色农业、有机农业起了十分重要的作

①　上海市政府.上海市国民经济和社会发展第十三个五年规划纲要[EB/OL].2016—1—2.
②　上海交通大学课题组.东滩低碳发展报告[R].2011.
③　上海市环保局.上海环境年鉴[M].北京:中国环境出版社,2000—2016.

用,已成为重要的碳汇来源。

另外,推行轮作和种植多样化,严格对草地和林地进行永久保护,在增加碳汇的同时制造氧气,阻滞沉淀或吸附微细颗粒物,在改善生态系统状况、提高生态系统功能、提高生态品质方面也会起支撑作用。

(2) 继续推动秸秆还田

实验表明,秸秆还田可以每亩增加 2.1 kg N、0.3 kg P 和 4.0 kg K,是通过减源提高农业净碳汇的重要手段。

(3) 推广有机肥

测土配方施肥可以改善施肥结构,改善土壤理化性质,减少障碍土壤(污染次生盐渍化、土传病害)(上海市环保局,2009)[①],提高作物产量,增加农业碳汇。如2008 年上海每亩财政补贴 250 元,推广有机肥 15 万吨,每亩还田 3.1 kg N、1.0 kg P、1.8 kg K 和大量有机质,减少了近 50 万吨家禽粪便的随便堆放。

(4) 大力推进技术创新和推广,改进耕作制度

上海作物碳汇与耕地联系密切,可以依靠研发、推广低碳农业技术。如通过种子工程、耕作技术、管理技术等技术集成,提高产量增加碳汇;依靠配方施肥以及研发推广高效化肥、缓释肥、滴灌、微灌技术等低碳技术,提高效率,节能降耗,促进碳汇提高;改进耕作制度,促进合理轮作兼作,合理休闲,减少冬闲田和裸出,并采用免耕减耕技术,减少碳排放,增加碳汇。若条件许可,可以发展沼气工程,发展生物柴油等清洁能源,替代化石能源,以减排增汇。

9.2.2　蓝色碳汇(海洋碳汇)及其发展战略

海洋是地球上最大的碳库,碳总量约占地球碳总量的 93%,约为大气碳量的53 倍(张文杰,2011)[②]。这些碳或重新进入生物地球化学循坏,或长期储存起来,其中有一部分被长期储存在海底(Nellemann, et al., 2009)[③]。根据联合国环境规划署的《蓝碳》报告,全球 55% 的生物碳或绿色碳捕捉是由海洋生物完成的

---

①　上海市环保局. 上海环境年鉴[M]. 北京:中国环境出版社,2009:147.

②　张文杰,郑锦荣. 低碳视角下发展上海海洋经济的思考[J]. 上海管理科学,2011(3):15—18.

③　Nellemann, C., Corcoran, E., Duarte, C. M., Valdes, L., DeYoung, C., Fonseca, L., Grimsditch, G. (Eds), 2009. Blue Carbon. A Rapid Response Accessment[M]. Birkeland: Birkeland Trykkeri AS, Norway.

（Nellemann et al，2009）①。这些生物包括浮游生物、细菌、海藻、盐沼植物、红树林等。海洋植物的碳捕获能量极为强大和高效，虽然其总量只是陆生植物的0.05％，但它们的碳储量（循环量）却与陆生植物相当。海洋生物生长的主要区域不到海底面积的0.5％，却形成了植物的蓝色捕集和移出通道，有70％的碳被其捕集转化为海洋沉淀物。土壤碳可以储存几十或几百年，海洋碳可储存几千年（唐启升，2011）。②

9.2.2.1 海洋固碳

海洋固碳有两个机制：

（1）生物泵固碳机制

生物泵也称有机泵，是指有机生物在生产、消费、传递、沉降和分解的过程将碳从表层向深层转移的过程（胡荣桂，2010）。③ 该机制主要依靠四个生物群落完成：

① 海洋微生物固碳

海洋细菌虽然依靠其他生物生存，其生物量却相当于7 500万头蓝鲸（112.5亿吨）（刘慧等，2011）④。细菌通过宿主选择和溶菌作用控制碳循环。每天海洋中20％～40％的表层核生物因受细菌感染而释放出1亿～10亿吨CO_2，而这些细菌中约有50％具有变形视紫质色素，可以吸收CO_2（Béja，et al.，2001）⑤。

② 浮游生物固碳

浮游生物固碳又可分为浮游动物固碳和浮游植物固碳两种类型（González，et al.，2008）⑥。浮游动物是大洋海水中颗粒碳沉积的主要控制因素（Bishop，et

① Nellemann，C.，Corcoran，E.，Duarte，C. M.，Valdes，L.，DeYoung，C.，Fonseca，L.，Grimsditch，G.（Eds），2009. Blue Carbon. A Rapid Response Accessment［M］. Birkeland：Birkeland Trykkeri AS，Norway.

② 唐启升.碳汇渔业与又好又快发展现代渔业［J］.江西水产科技，2011(2)：5—7.

③ 胡荣桂.环境生态学［M］.武汉：华中科技大学出版社，2010：108—109.

④ 刘慧，唐启升.国际海洋生物碳汇研究进展［J］.中国水产科学，2011(3)：695—702.

⑤ Béja，O.，Spudich，E. N.，Spudich，J. L.，Leclerc，M.，Selong，E. F.，2001. Proteorhodopsin Phototrophy in the Ocean［J］. Nature，411(6839)，pp. 786—789.

⑥ González，J. M.，Fernández-Gómez，B.，Fernàndez-Guerra，A.，Gómez-Consarnau，L.，Sánchez，O.，Coll-Lladó，M.，DelCampo，J.，Escudero，L.，Rodriguez-Martinez，R.，Alonso-Sáez，L.，Latasa，M.，Paulsen，I.，Nedashkovskaya，O.，Lekunberri，I.，Pinhassi，J.，Pedrós-Alió，C.，2008. Genome Analysis of the Proteorhodopsin-containing Marine Bacterium Polaribacter sp. MED152 (Flavobacteria)［J］. Proceedings of the National Academy of Science USA，105(25)，pp. 8724—8729.

al.，2009)[1]，被浮游生物捕获沉积海底的碳每年大约有 5 亿吨(Seiter，et al.，2005)[2]。海洋浮游植物则通过光合作用捕获 CO_2，其碳捕获量超过 36.5Pg(C)(刘慧等，2011)[3]。我国黄海浮游植物固碳总量达 5 891 万—6 968 万吨/年(中国工程院课题组，2015)[4]。

③ 海岸带植物群落固碳

盐沼植物和大型海藻有着与农作物相媲美的较高生产力(Duarte，et al.，1999)[5]。它们往往表现为碳源，实际上却捕捉和固定了更多的碳。海洋植物群落的碳捕获率很高，是海洋平均碳捕捉率的 180 倍。其固碳效果也十分明显。被其固定的碳有的被转移到了周边的生物系统中，有的则以腐殖质形式沉入底层而永久封存。如海藻在有些海域能形成 3 米厚的沉积层，而河口盐沼植物(如红树林)则能吸收大量的陆缘碳(刘慧等，2011)[6]。正因此，它们又被称为蓝碳。目前，全球蓝碳总量在 1.2—3.29 亿吨/年，相当于海洋碳汇年储量的 1/2(中国工程院课题组，2015)[7]。

④ 贝类固碳

贝类生物可以直接吸收碳酸根，形成碳酸钙固碳。由碳酸钙的形成过程 $Ca^{2-}+2HCO^{3-}=CaCO_3+CO_2+H_2O$ 可知，形成 1 mol 的 $CaCO_3$ 可以净固碳 1 mol 的碳(肖乐等，2010)[8]。2006 年黄海贝类(蛤、牡蛎和扇贝)产量 517 万吨(干重/湿重=0.551 4，即干壳重系数)，贝壳平均总碳量 11.45%(周毅等，2002)[9]，则当

① Bishop, J. K., Wood, T. J., 2009. Year-round Observations of Carbon Biomass and Flux Variablility in the Southern Ocean. Global Biogeochemical Cycles[J], 23(2), pp. 279—289.

② Seiter, K., Hensen, C., Zabel, M., 2005. Benthic Carbon Mineralization on a Global Scale[J]. Global Biogeochemical Cycles, 19(1), pp. 1—26.

③ 刘慧，唐启升. 国际海洋生物碳汇研究进展[J]. 中国水产科学，2011(3)：695—702.

④ 中国工程院课题组. 生物碳汇扩增战略研究[M]. 北京：科学出版社，2015：82—91.

⑤ Duarte, C. M., Chiscano, C. L., 1999. Seagrass Biomass and Production: A Reassessment[J]. Aquati Botany, 65(1—4), pp. 159—174.

⑥ 刘慧，唐启升. 国际海洋生物碳汇研究进展[J]. 中国水产科学，2011(3)：695—702.

⑦ 中国工程院课题组，生物碳汇扩增战略研究[M].北京：科学出版社，2015：82—91.

⑧ 肖乐，刘禹松. 碳汇渔业对发展低碳经济具有重要和实际意义 碳汇渔业将成为新一轮渔业发展的驱动力——专访中国科学技术协会副主席、中国工程院院士唐启升[J]. 中国水产，2010(8)：4—8.

⑨ 周毅，杨红生. 烟台四十里湾浅海养殖生物及附着生物的化学组成/有机净生产量及其生态效应[J].水产学报，2002，26(1)：21—27.

年固碳 32.7 万吨碳。以此计算,1998—2000 年黄海底栖软体动物平均生物量为 4.28 g/m² (李荣冠,2003)[①],按照海区自然生长贝类年更新率 10% 计,黄海分布贝类年均固碳 1.03 万吨[②]。可见,贝类固碳的效果非常显著。

(2) 物理泵机制

物理泵机制也称为海—气界面的碳通量,是指二氧化碳从海洋表面向深海输送的水动力过程[③]。Kim(1999)[④]和宋金明(2004)[⑤]分别对黄海的海—气界面进行了研究,结论分别是黄海每年 CO_2 的净吸收量为 900 万吨和 897 万吨,表明黄海是碳汇,对大气中 CO_2 有净吸收作用[⑥]。岳冬冬等(2012)[⑦]分析了 2006—2010 年海水养殖贝类产量与其形成碳汇量的关系,结果表明:我国海水养殖贝类年均形成碳汇约 92.9 万吨;不同地区和海水养殖贝类品种形成的碳汇量差异较大;海水养殖贝类产量每增加 1 个单位,其碳汇量相应增加 0.092 2 个单位。

人类进入现代社会以来,随着全球经济的发展和污染的加剧,海洋的碳捕捉能力逐渐下降。Waycott 等(2009)[⑧]的研究显示,全球大约 1/3 的海藻床已经消失,消失速度已由 20 世纪 70 年代的 0.9%/a 上升到 2000 年后的 7%/a,且仍在逐年增加。Bridgham 等(2006)[⑨]的研究则指出,全球大约 25% 的盐沼已经消失,

---

① 李荣冠. 中国海陆架及邻近海域大型底栖生物[M]. 北京:海洋出版社,2003:24—31.

② 刘慧,唐启升. 国际海洋生物碳汇研究进展[J]. 中国水产科学,2011(3):695—702.

③ 石洪华,工晓丽,郑伟,王媛. 海洋生态系统固碳能力估算方法研究进展[J]. 生态学报,2014(1):12—22.

④ Kim, k. R., 1999. Air-sea exchange of the CO_2 in the Yellow Sea[C]. In the 2nd Korea-China Symposium on the Yellow Sea Research, Seoul.

⑤ 宋金明. 中国近海生物地球化学[M]. 济南:山东科技出版社,2004:45—52.

⑥ 中国临近的渤海、黄海、东海和南海按自然疆界为 473 万平方千米,其海洋生态系统的区域碳循环在全球碳循环过程中占有重要地位。以年为尺度,渤海、黄海、东海、南海均表现为大气二氧化碳的"汇"。海洋科技界公认的研究结果为:渤海每年可从大气中吸收 284 万吨碳,黄海每年吸收 900 万吨左右,东海可吸收 2 500 万吨,南海可达到 2 亿吨左右。

⑦ 岳冬冬,王鲁民. 我国海水养殖贝类产量与其碳汇的关系[J]. 江苏农业科学杂志,2012(11):246—248.

⑧ Waycott, M., Duarte, C. M., Carruthers, T. J. B., Orth, R. J., Dennison, W. C., Olyarnik, S., Calladine, A., Fourqurean, J. W., Jr. Heck, K. L., Hughes, A. R., Kendrick, G. A., Kenworthy, W. J., Short, F. T., Williams, S. W., 2009. Accelerating loss of seagrass across the global threatens coastal ecosystems[J]. proceedings of the National Academy of sciences of the USA(PANS), 106 (30), pp. 12377—12381.

⑨ Bridgham, S. D., Megonigal. J. P., Keller, J. K., Bliss, N. B., Trettin, C., 2006. The carbon balance of North American wetlands[J]. Wetlands, 26(4), pp. 889—916.

其目前的消失速率在 1%～2%/a；1940 年以来全球有 35% 的红树林消失，其目前的消失速率在 1%～3%/a。

其他学者的研究也表明，海洋植物群落即"蓝色碳汇"正在高速率消失，目前的消失速率为 2%～7%（Achard，et al.，2002）[①]，是 50 年前消失速率的 7 倍（中国工程院课题组，2015）[②]，是热带雨林消失速率的 2～15 倍（Bridgham，et al.，2006）[③]。联合国环境规划署的《蓝碳》报告（Nellemann，et al.，2009）[④]更是明确指出，目前与蓝色碳汇相关的生态系统正以惊人的速度消失，其消失的速率远高于其他生态系统。

蓝色碳汇消失不仅会使生物多样性和海岸带保护受到影响，而且意味着自然碳汇的消失（刘慧等，2011）[⑤]。因此，以低碳发展促进生态品质提高，就要保护海洋，增加蓝色碳汇。

9.2.2.2　上海的蓝色碳汇

上海海岸线长达 470 千米，长江岸线长达 140 千米，还有大小金山岛、横沙岛、长兴岛和崇明岛等岛屿，海河岸带资源丰富，碳汇价值极高。如崇明东滩植被是以芦苇、互花米草和海三棱藨草为标志的植物群落（黄华梅，2005）[⑥]，南汇边滩植被是以芦苇和互花米草为标志的植物群落，浅海还有大量的浮游植物/藻，它们不仅捕捉碳，而且芦苇生物质还可以用来开发海上风电。又如，南部奉贤杭州湾的潮汐能丰富，也可开发形成碳汇。可见，上海的沿海沿江地带是一个巨大的碳汇带。不足之处在于，部分岸线被深度开发，大部分近海区域被不同程度污染。2016 年对上海市及邻近海域开展的 4 次海水环境质量监测显示，上海市及邻近海域海水水质总体状况较 2015 年有所改善，但冬季、春季、夏季、秋季和全年符合

①　Achard，F.，Eva，H. D.，Stibig，H. J.，Mayaux，P.，Gallego，J.，Richards，T.，Malingreau，J. p.，2002. Determination of deforestation rates of the world's humid tropical forests[J]. Science，297 (5583)，pp. 999—1002.

②　中国工程院课题组. 生物碳汇扩增战略研究[M]. 北京：科学出版社，2015：58—62.

③　Bridgham，S. D.，Megonigal. J. P.，Keller，J. K.，Bliss，N. B.，Trettin，C.，2006. The carbon balance of North American wetlands[J]. Wetlands，26(4)，pp. 889—916.

④　Nellemann，C.，Corcoran，E.，Duarte，C. M.，Valdes，L.，DeYoung，C.，Fonseca，L.，Grimsditch，G. (Eds)，2009. Blue Carbon. A Rapid Response Accessment[M]. Birkeland：Birkeland Trykkeri AS，Norway.

⑤　刘慧，唐启升. 国际海洋生物碳汇研究进展[J]. 中国水产科学，2011(3)：695—702.

⑥　黄华梅，张利权，高占国. 上海滩涂植被资源遥感分析[J]. 生态学报，2005(10)：2686—2693.

第一类和第二类标准的海域面积仅分别为 26.3％、16.9％、1.3％、24.1％ 和 17.2％，劣于第四类标准的海域面积分别占 58.0％、64.0％、66.2％、62.8％ 和 62.8％（上海市海洋局，2017）①。严重的污染导致上海的蓝碳受到了严重的影响。

目前，上海的蓝色碳汇为 2.35 亿～4.5 亿吨（Nellemann et al，2009）②。若采取有效措施，如发展碳汇渔业、提高自然海域的碳捕获能力等，上海蓝色碳汇可提高到 4.6 亿吨/年，相当于 10％ 的减排量。如此，上海蓝色＋绿色碳汇可实现 20％～25％ 的碳减排量（唐启升，2011）。③ 这不仅有利于减排 CO_2 还有益于食品安全、水资源保护和生物多样性保护，同时增加就业和居民收入。有鉴于此，保护海洋、保护上海的蓝碳已刻不容缓。

在保护海洋、保护蓝色碳汇的过程中，上海应努力做到以下几点：

（1）保护近海自然碳汇

长江口芦苇碳储量为 26.6～57.4 t/hm^2，固碳速率为 11.1～24.1 $t/hm^2 \cdot a$（梅雪英，2008）④，是上海海岸带蓝色碳汇的重要来源，也是主要的生态保护对象。上海还要通过建造海藻床等措施开展适宜的海藻移植和种植，扩增碳汇。具体措施主要有：

① 建立上海蓝色碳汇基金，保护和管理辖区海岸和海域生态系统，增加碳汇。

② 通过适当的技术措施，支持既有海岸带、海岛湿地保护区强劲的自然恢复和生产力增殖。

③ 将围垦滩涂和海岸带尽快还海，减少陆域污染废水的海岸排放，至少要做到无害化排放，积极修复污染海域的水生态，减少海水水质恶化，提升海水水质。

---

① 上海市海洋局. 2016 年上海市海洋环境质量公报［EB/OL］.（2017—8—21）. http://sw. shanghaiwater. gov. cn/web/bmxx/images/2016shhygb. pdf，2017.

② Nellemann, C., Corcoran, E., Duarte, C. M., Valdes, L., DeYoung, C., Fonseca, L., Grimsditch, G. (Eds), 2009. Blue Carbon. A Rapid Response Accessment［M］. Birkeland: Birkeland Trykkeri AS, Norway.

③ 唐启升. 碳汇渔业与又好又快发展现代渔业［J］. 江西水产科技，2011(2)：5—7.

④ 梅雪英. 长江口典型湿地植被储碳、固碳功能研究——以崇明东滩芦苇带为例［J］. 中国生态农业学报 2008(16)：269—272.

（2）大力发展海水养殖，推动碳汇渔业发展

发展碳汇渔业是增加蓝色碳汇的重要形式。某些渔业生产具有直接/间接降低大气二氧化碳浓度的功能，我们将之叫作碳汇渔业。不需要投放饵料的渔业活动就具有碳汇功能，可以形成生物碳汇。碳汇渔业生产主要包括：

① 养殖、增殖放流藻类、贝类、滤食性鱼类等。这些生物可以通过光合作用或大量虑食浮游植物，从水体中吸收碳元素[1]。如贝类主要通过滤食藻类等从水体中移出大量碳，并以贝壳形式储存起来，形成持久的碳汇，具有较强的固碳能力。

② 捕捞以浮游生物/贝类藻类为食物的鱼类、甲壳类、头足类及棘皮类动物等。这些属于较高营养层次的生物，以海洋中的天然饵料为食，在食物链的较低层次大量消耗和食用浮游植物，对它们的捕捞和收获实际上是从水域中移出相当量的碳（唐启升，2011）[2]。

③ 投放人工鱼礁。在为鱼类创造良好的栖息环境和繁殖场所的同时，构建人工鱼礁渔场，增加人工捕捞，减少捕捞过程中形成的碳排放（中国工程院课题组，2015）[3]。

中国目前海水养殖以贝藻类为主（邵桂兰，2017）[4]，具有巨大的碳汇功能。据 FAO（2009）的统计，中国大型藻类产量 1 090（湿重）万吨，占全球的 72%。1999—2008 年，中国每年可以利用海水藻类养殖从海水中移出 30 万～38 万吨碳。

在水产养殖中，我国努力发展不投饵料的养殖以生产更多的净碳汇。如 2010 年中国水产不投饵养殖产量占总养殖产量的比重为 59%，其中海水和淡水不投饵养殖的产量占各自总养殖产量的比重分别为 87.4% 和 41.1%（见表 9—1）。

---

① 刘雅丹.“碳汇渔业”，您知多少？［EB/OL］(2016—11—11)(2023—10—10). https://www.sohu.com/a/118737542-135797.

② 唐启升.碳汇渔业与又好又快发展现代渔业［J］.江西水产科技,2011(2)：5—7.

③ 中国工程院课题组.生物碳汇扩增战略研究［M］.北京：科学出版社,2015：58.

④ 邵桂兰,任肖嫦,李晨.基于 B-S 期权定价模型的碳汇渔业价值评估——以海水养殖藻类为例［J］.中国渔业经济,2017(5)：76—82.

表 9—1　　　　　　　　　　2010 年中国水产养殖投饵和不投饵比重

	水产养殖	海水养殖	淡水养殖
总产量(万吨)	3 828.84	1 482.30	2 346.54
不投饵产量(万吨)	2 259.13	1 295.37	963.76
投饵产量(万吨)	1 569.71	186.93	1 382.78
不投饵占比(%)	59	87.4	41.1

资料来源：唐启升. 中国养殖业可持续发展战略研究：水产养殖卷[M]. 北京：中国农业出版社,2013.

目前,上海水产养殖较少,海水养殖更少。因此,上海依靠自身丰富的水网和岸线及 10 000 多平方千米的辖海,大力发展养殖产业以形成大量蓝色碳汇的潜力巨大。为此,上海努力做到：

① 在满足水环境容量、生态容量和养殖容量的前提下,依靠健康养殖和生态养殖技术的支撑,适当提高贝类、藻类、滤食性鱼类养殖比重,优化养殖结构,提高养殖产能,增加碳汇。

② 注重海洋牧场建设,在适宜海水水域进行以投放鱼礁为主要形式的生态修复建设,再以人工鱼礁为载体,建设以增殖放流为手段、底播增殖为补充的海洋牧场,加大海藻和底播贝类为主要内容的海底植被建设,积极形成多营养层次的综合性养殖,争取在提高经济效益的同时增加碳汇。

③ 发展不需要投放饵料、依靠天然营养的海水贝类和藻类养殖。贝类和藻类是重要的参与海洋生物碳泵活动的海洋生物,具有与农作物类似的高生产力,可以通过水中营养盐和 CO_2 的净提取,连续不断地固定从海水中移出来的碳,从而净化海水。

(3) 开展更加广泛的水生生物增殖放流

水生生物增殖放流不仅可以对丰富生物多样性、净化水环境、提升水生态品质起到一定程度的作用,同时也可以沉积生物炭,是迅速增加碳汇的一种有效模式。

目前,上海主要在长江口、黄浦江上游、淀山湖、杭州湾北岸等上海管辖水域放流鲢鱼、鳙鱼、鲤鱼、花骨鱼等滤食性鱼类,但力度不大。今后应当在海岸带和浅海地区积极拓展大规模的水生生物增殖放流和非饵料投放型的人工养殖,并在增加数量和范围的同时,加强滨海污染治理,增加海岸带、近海大陆架的蓝色碳汇能力。

（4）加强示范工程建设

为加强蓝色碳汇建设,上海应努力加强相关的示范工程建设。具体措施主要有:

① 推进海洋"森林草地"示范工程建设。如通过研发人工草礁技术及海藻筛选和移植技术,以提高生态系统功能和生态品质为主导,恢复和重建海草(藻)床。

② 发展海藻能源技术示范工程。如依靠海藻生长迅速、产量大的优点,发展海藻生物柴油;利用海藻肥料改良土壤团粒结构,促进作物根系发育和植物的固碳能力;发挥海藻肥吸水保肥能力,提高作物产量,减少化肥使用,减少温室气体排放。

③ 发展碳汇渔业关键技术示范工程。如发展综合养殖技术,提高海水养殖单产,增加蓝色碳汇的密度和效率;通过放流增殖技术、深海贝藻养殖技术,拓展碳汇渔业的发展空间。

（5）加强蓝色碳汇规制建设

作为海洋大国,我国有着丰富的海洋资源,海洋碳汇潜力巨大,应加速海洋碳汇这一重要"减排"资源的开发。

目前,由于海洋碳汇开发尚未引起国内国际及上海的重视,海洋碳汇的评估方法或标准还是国际空白,一旦国际标准建立起来,将为海洋国家带来巨大的经济效益和社会效益(中国气象局,2016)。[1] 上海应当依靠自身在技术、人才、区位和自然资源上的优势,率先对蓝色碳汇建设作出科学规划,建立海洋碳汇的评估标准和方法体系,如建立海洋碳固定或储存的模型和参数、海洋碳汇计量监测体系框架、海洋碳汇数据库等,为海洋碳汇评估和开展海洋碳汇交易提供技术规范(中国气象局,2016)。[2]

9.2.3 绿色碳汇及其战略

绿色碳汇是指森林绿地等植被所具有的碳汇功能,主要表现为从大气中移走

---

[1]   中国气象局. 开发海洋碳汇资源势在必行[EB/OL]. 2016—04—05.
[2]   中国气象局. 开发海洋碳汇资源势在必行[EB/OL]. 2016—04—05.

CO_2、甲烷等温室气体、气溶胶或它们初期形式的任何过程、活动和机制（宋成洋，2015）。[①]

森林绿地是吸尘器，可以使空气清新。绿色碳汇首先借助森林绿地构建城市"绿岛"以减轻或逼走城市中心的"浊岛"效应，从而改善环境的生态品质，提高人民的舒适度。

其次，绿色碳汇可以凭借城市森林绿地形成的"绿岛"，有效减弱或逼走城市的"热岛"效应。绿地面积越大，降温效果越好，面积在 2 万平方米以上绿地最能发挥降温效果。只要有大片绿地出现，就会出现热力小"绿洲"。比如 2004 年夏天成都绿地内外温差为 3.6℃。据 2003—2004 年的统计，绿地外人体的舒适度指数出现 11 级（即酷热感觉极不舒适）的天数占 78%，而绿地内只有 27%；1997—1998 年 7—8 月上海 31 个气象观测站的常规资料和高温加密观测资料显示，35℃的等温线与外环线大体一致，36℃等温线与内环线一致，人口密集的豫园是 37℃的热核区。2000—2004 年上海夏季热力分布图显示：热核区转移到了房地产开发密集的闸北、杨浦、虹口一带（王新军等，2008）。[②]

根据 2016 年上海市森林资源年度监测数据，截至 2016 年底，上海市林地面积为 111 275 公顷，森林面积为 98 687 公顷，全市森林覆盖率达 15.56%。在全市林地总面积中，乔木林地面积为 84 494 公顷，占 75.93%；灌木林地面积为 19 293 公顷，占 17.34%；未成林造林地面积为 3 935 公顷，占 3.54%；竹林地面积为 2 919 公顷，占 2.62%；疏林地面积为 553 公顷，占 0.50%；苗圃地面积为 46 公顷，占 0.04%；迹地为 19 公顷，占 0.02%；宜林地为 17 公顷，占 0.02%。在全市灌木林地面积中，特殊灌木林地为 11 274 公顷，占 58.43%；一般灌木林地为 8 019 公顷，占 41.57%（上海林业总站等，2017）。[③]

按林种分，全市共有附属林（指配套绿化）38 967 公顷，占 43.47%；通道林 27 134 公顷，占 30.27%；水源涵养林 13 579 公顷，占 15.15%；沿海防护林 4 903

[①]　宋成洋. 浅议我国碳汇渔业的发展[J]. 中国经贸，2015(7)：58.

[②]　王新军，敬东，张凤娥. 上海城市热岛效应与绿地系统建设研究[J]. 华中建筑，2008(12)：113—117.

[③]　上海市林业总站，上海交通大学，上海城市森林生态国家站. 上海市森林生态系统服务功能评估报告（2016 年度）[R]. 2017.

公顷,占 5.47%;风景林 3 621 公顷,占 4.04%;污染隔离林 711 公顷,占 0.79%;其他防护林 527 公顷,占 0.59%;国防林 194 公顷,占 0.22%。

不同树种的碳汇能力及净化大气的能力存在明显差异。阔叶混交林、樟木林、水杉林、灌木林、硬阔林、软阔林等固碳能力较强,净化大气能力也较强,其保育土壤、释放氧气等的能力也较强(见图 9—8、图 9—9 和图 9—10)。因此上海林业碳汇建设需要加强这些优势树种的比重,从而在增加碳汇的同时提升城市整体生态品质。

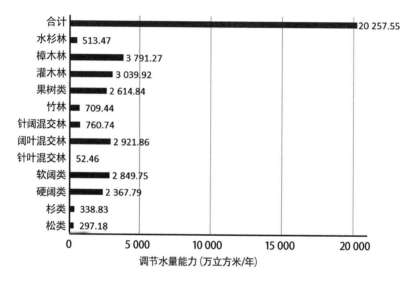

图 9—8 上海市优势树种(组)调节数量作用

资料来源:上海市林业总站,上海交通大学,上海城市森林生态国家站.上海市森林生态系统服务功能评估报告(2016 年度)[R].2017.

从区域分布看,上海各区的森林生态服务功能差异显著(见图 9—11、图 9—12、图 9—13 和表 9—2)。因此,碳汇建设需要因区制宜,挖掘潜力,在从碳汇建设提升生态品质的基础上,达到城市整体的低碳化发展与生态品质提高。

若对上海森林碳汇以价值进行表示,上海森林碳汇及其辅助价值可达123.57 亿元/年,其中浦东新区、松江、奉贤、宝山、闵行的森林碳汇及其辅助价值最高。在整个森林系统的服务价值中,固碳释氧的价值约为 25.46 亿元,占20.6%(见图 9—13)。

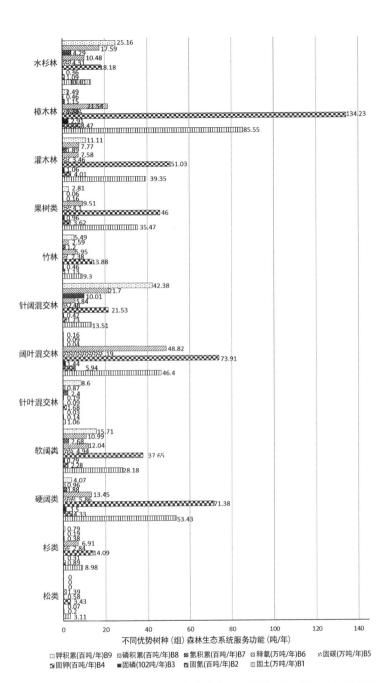

图 9—9 上海市不同优势树种(组)森林生态系统服务功能物质量评估(2016)

资料来源:上海市林业总站,上海交通大学,上海城市森林生态国家站.上海市森林生态系统服务功能评估报告(2016 年度)[R].2017.

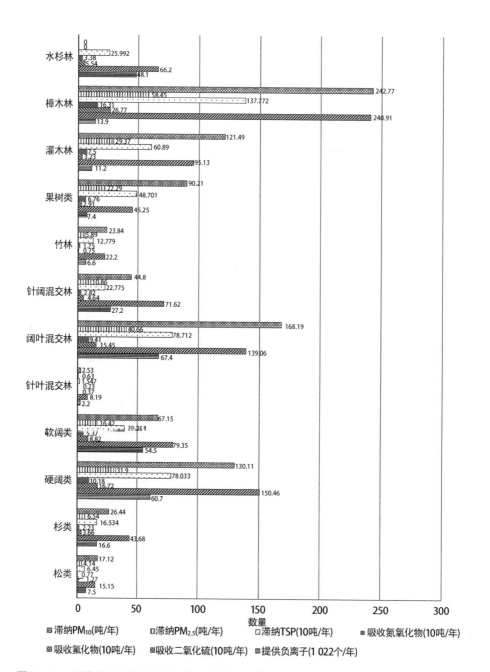

图 9—10　上海市不同优势树种(组)森林生态系统净化空气的服务功能物质量评估(2016)

　　资料来源:上海市林业总站,上海交通大学,上海城市森林生态国家站.上海市森林生态系统服务功能评估报告(2016 年度)[R].2017.

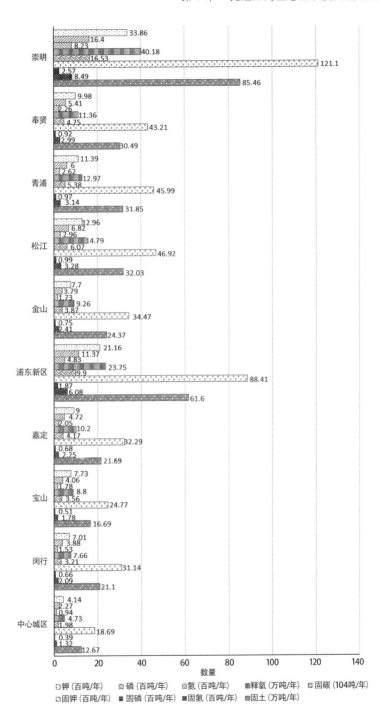

图 9—11　上海市各区森林保育土壤—固碳释氧—营养物质累积等生态系统服务功能质量评估(2016)

　　资料来源：上海市林业总站，上海交通大学，上海城市森林生态国家站. 上海市森林生态系统服务功能
评估报告(2016 年度)〔R〕. 2017.

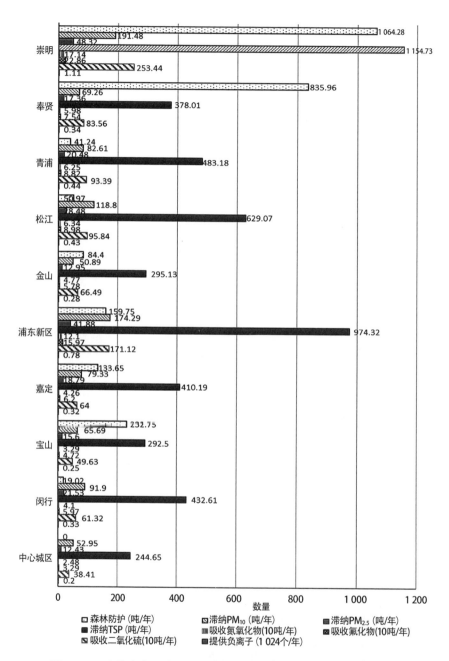

图 9—12　上海市各区森林生态系统净化大气环境服务功能质量评估

资料来源：上海市林业总站，上海交通大学，上海城市森林生态国家站.上海市森林生态系统服务功能评估报告(2016 年度)[R].2017.

表 9—2　　　　　上海市森林生态系统服务功能物质量评估（2016）

功能项	功能分项	物质量	
涵养水源	调节水量（10^4 立方米/年）	20 257.55	
保育土壤	固土（10^4 吨/年）	337.95	
	N（10^2 吨/年）	33.83	
	P（10^2 吨/年）	10.31	
	K（10^2 吨/年）	486.99	
固碳释氧	固碳（10^4 吨/年）	59.42	
	释氧（10^4 吨/年）	143.70	
林木积累营养物质	N（10^2 吨/年）	28.93	
	P（10^2 吨/年）	64.72	
	K（10^2 吨/年）	124.93	
净化大气环境	提供负离子（10^{24} 个/年）	4.48	
	吸收二氧化硫（10^4 千克/年）	977.20	
	吸收氟化物（10^4 千克/年）	90.13	
	吸收氮氧化物（10^4 千克/年）	66.71	
	滞尘	TSP（吨/年）	5 294.39
		PM$_{10}$（吨/年）	977.20
		PM$_{2.5}$（吨/年）	237.82
森林防护	防护效益（亿元/年）	2 622.02	

资料来源：上海市林业总站，上海交通大学，上海城市森林生态国家站.上海市森林生态系统服务功能评估报告（2016 年度）[R].2017.

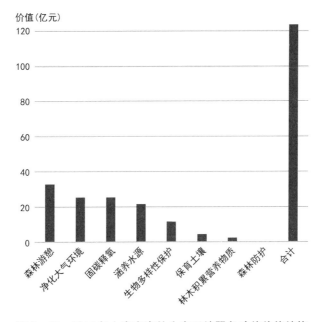

图 9—13　2016 年上海市森林生态系统服务功能价值结构

资料来源：上海市林业总站，上海交通大学，上海城市森林生态国家站.上海市森林生态系统服务功能评估报告（2016 年度）[R].2017.

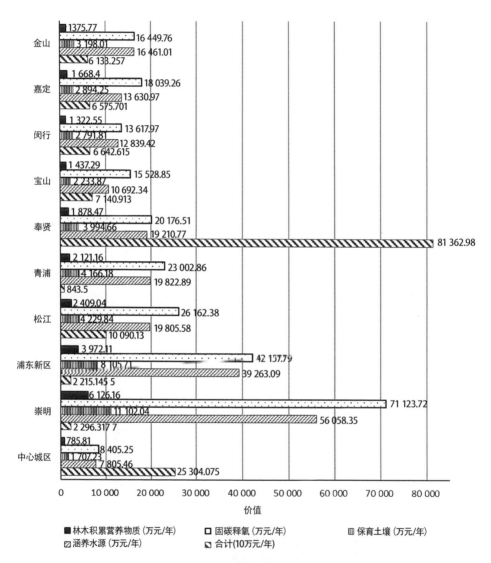

图 9—14   上海市各区森林生态系统服务价值量评估（2016）

资料来源：上海市林业总站，上海交通大学，上海城市森林生态国家站. 上海市森林生态系统服务功能评估报告（2016 年度）［R］. 2017.

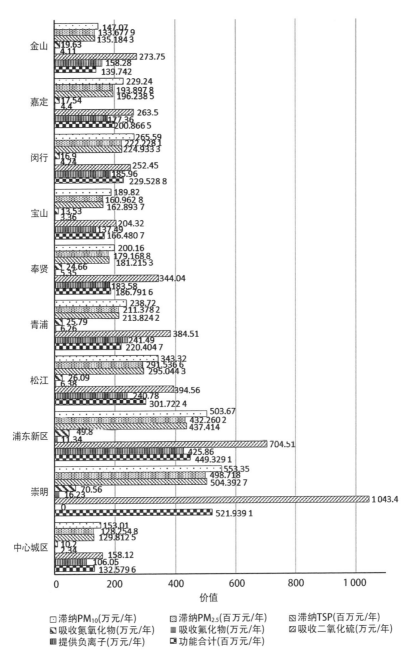

图 9—15　上海市各区森林生态系统服务价值量评估结果 (2016)

资料来源:上海市林业总站,上海交通大学,上海城市森林生态国家站.上海市森林生态系统服务功能评估报告(2016 年度)[R].2017.

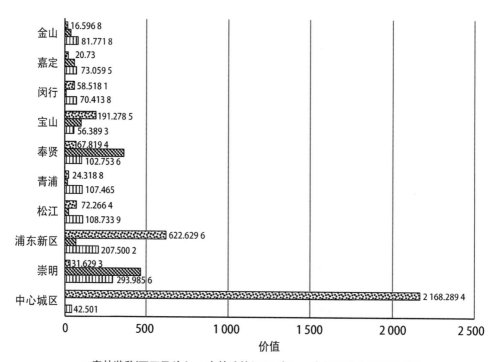

图9—16　上海市各区森林生态系统服务价值量评估结果(2016)

资料来源：上海市林业总站,上海交通大学,上海城市森林生态国家站.上海市森林生态系统服务功能评估报告(2016年度)[R].2017.

鉴于上海森林的上述功能价值,继续加强森林建设,推进绿色碳汇增长,对未来上海的低碳发展和生态品质提高均有着十分重要的作用。为此,今后上海应努力做到:

首先,继续加强绿化建设。对中心城区,碳汇主要依靠市内园林,碳汇结构简单,平面扩张具有很大刚性,因此应适度加大立体绿化,在墙壁、房顶拓展绿化空间。对全市而言,要注重建设城市休闲公园、城市绿道、社区园林、景观街港等多类型的碳汇空间,弥补上海专门林地、草地不足的缺陷。这类绿化更加亲近居民的生活,更易改善小气候和局部地区的生态品质。在绿化建设的过程中,要注重优化林木结构,将高碳汇树种、草种与景观性、地方适应性和居民的植被偏好结合起来,从而实现促进碳汇建设提升生态品质的功效。

其次,继续对一些过密人口区进行搬迁疏解,为绿地和碳汇让路,以提高这些特定地区的生态质量和生态品质。郊区可以有效调整乔灌草的结构、生态园和普通农田与农作物的结构,进而提高碳汇能力,达到改善整个生态系统的功能结构、提升生态品质的目的。

再次,加强成本管理,广泛筹集碳汇建设资金。上海囿于空间资源紧张,土地成本、绿化搬迁成本、绿化配置成本不断上扬,以致城市林地、绿地扩张的成本飞速上涨。如 21 世纪初,上海郊区造林成本在 15 万元/公顷或每亩 1 万元(未计土地成本),市区的造林成本在 1 万元/平方米(动迁费用昂贵),而且造林后的管护成本在 1.5 万元/公顷(黄国祯等 2004)。而 2016 年启动的崇明生态廊道项目,作为崇明"三横十五纵"骨干道路框架,项目总投资额预计 1.2 亿元,总绿化面积在 1.5 万亩左右,造绿单价为 0.8 万元/亩。发布于 2016 年 12 月 28 日的上海绿化工程项目,总绿化面积 13 537.37 平方米,工程总投资 152 000 万元人民币,造绿单价超过 11.23 万元/平方米。

就生态绿化补偿来看,上海季节内和非季节内胸径在 6~45 厘米的常绿乔木的补偿标准在 280~20 640 元/棵和 336~36 910 元/棵;落叶乔木的补偿标准在 128~9 730 元/棵和 192~13 400 元/棵;普通常绿乔木和落叶乔木的补偿在 32~300 元/棵和 48~390 元/棵及 32 ~240 元/棵和 48~330 元/棵。可见上海依靠林地绿地建设增加碳汇的成本巨大。

因此,上海在绿色碳汇增加建设困难的境况下,加强成本管理、不断增加政府预算、广泛筹集绿化资金、建立上海碳汇建设基金、制定绿地认养法规制度等,将是上海加快碳汇建设的重要战略选择。

9.2.4　湿地碳汇及其战略

广义的湿地是指水稻田及河流湖泊、沼泽、海岸带等人类投入很少、干预很少的土地类型。由于人类在水稻田投入了大量的化肥农药进行生产,人类干预强烈,已经转为强碳源,因此本书所说的湿地仅指河流、海岸带、湖泊、沼泽等未受人类深度干预的类型。相关研究表明,全球湿地碳储量是陆地的数倍,是重要的碳汇来源之一。宋洪涛指出,沿海湿地的碳积累速率为 $190~230\ \mathrm{g/(m^2 \cdot a)}$,湖泊

湿地的固碳速率为 $3.48\sim123.3$ g/(m²·a),水库生态系统的固碳速率为 400 g/(m²·a)[①]。因此,湿地是增加碳汇的重要资源和手段。

在上海,除了崇明有成片的湿地外,其他区域也有零星湿地。在发展低碳经济提升生态品质的过程中,上海应重视这些湿地的作用。目前,作为中国最大的经济城市,上海的大部分河流已成为排污通道,河水受到不同程度的污染,水生生物生产力下降,河水流速缓慢,甚至成了"死水",基本成为净碳源。上海海岸带虽然绵长,除上海海岸带的河口、杭州湾北部等是芦苇型湿地,具有较强的碳汇能力外,其他岸带差不多在 -5 m 以内的湿地大部分被围垦,其外边缘植被无法生长,海水区的养殖受限。同时,众多排污口将附近的海水变成了五类或劣五类,水生生物难以健康生长,本应是净碳汇的地带,基本成为净碳源。

有鉴于此,未来上海要采取有力措施,恢复其净碳汇的本质。具体措施主要有:

首先,着力加强湿地保护。要继续保护九段沙、横沙岛浅滩、崇明东滩、南汇嘴湿地,恢复湿地的水文条件,种植水生植物以创造和恢复湿地土壤的碳库[②],还要强化对湿地碳汇的管理措施。

上海是一个河网密集的水乡,居民聚居在河流的网格中,但许多小型河流两岸的绿化不足,水体也不同程度地受到了污染。因此,加强污染治理,加强基于河流的绿色生态带建设,强化其综合碳汇功能,将进一步提升上海网格区域局地的生态品质。

其次,加强低碳文化、生态文化建设。构建学校、企业、机关团体、社区等不同形式的低碳经济促进生态品质提升的典型,集聚政府、企业、个人及 NGO 等各种力量筹措资金、支持研发,并形成持续的资金、技术和人力、物力支持体系,培养居民生产、生活、消费的绿色实践,促成革命性绿色行为方式的变革。为此,上海一方面要将居民的日常社会经济活动和生活消费的低碳化上升为文化理念和文化内容,构造低碳发展促进生态品质的长效机制;另一方面要形成爱护生态就像爱

---

① 宋洪涛,崔丽娟,栾军伟,李胜男,马琼芳. 湿地固碳功能与潜力[J]. 世界林业研究,2011,24(6):6—11.

② 曹建华,邵帅,张祥建. 上海低碳经济:技术路径设计[M]. 上海:上海财经大学出版社,2011:181.

护生命一样的氛围,激发全社会保护生态环境、增加碳汇建设的热情,促使低碳经济发展向着超级低碳—生态品质极佳型发展。

最后,优化产业结构,促进能源生产与消费的深刻变革。鉴于当前低碳发展的障碍和未来的走势,产业结构调整和清洁低碳能源是未来上海低碳发展提升生态品质的必然选择。为此,上海应加强产业结构的深层次调整,加强能源结构调整,优化生态资源空间布局,形成生态资源结构与居民的需求结构对接匹配,依靠清洁能源和生产技术的革命性变革,大幅降低化石燃料带来的碳排放,从而在实现降低碳汇建设压力的同时提升总体城市生态品质。

9.3 以低碳发展推动上海生态品质提升的对策建议

9.3.1 以低碳化提升生态品质

上海要把以低碳化发展提升生态质量摆在突出位置,重视高碳发展带来的生态品质的明显下降及对居民健康和福利的明显损害,正视四个国际中心的建设与生态品质改善的失配现状,将上海定位在全球和地方的环境改善的领导者,力求成为解决气候变化、削减污染、发展低碳经济和高效利用、节约型资源的先导者,把以低碳化发展促进生态品质提升作为整塑上海形象、展现上海魅力和提高上海竞争力的新抓手。

9.3.2 深度调节产业与能源结构

要深度调节产业结构,在形成结构性低碳的同时化解商业、交通、家庭碳排放及伴生污染的快速增长压力。为此,上海应努力做到以下三点:

第一,进一步压缩能源与污染密集型产业部门;

第二,调整能源结构,增加轻碳能源与清洁能源比重,减排减污,提升生态品质;

第三,要加强建筑、工业和交通等部门的节能,控制商业和交通能耗的迅速增长,加强脱硫、脱硝、除尘治理及污水与土壤污染治理。

9.3.3　强化技术创新的核心作用

党的十九大报告提出,今后要转变发展动力,提高发展质量,依靠效率推动,引导环保技术创新,推动能源生产和消费革命,培养绿色的生产生活方式。而这一切的实现都需要生态环境科技创新的支持。在低碳发展提升生态品质的实践活动中,上海首先要加大清洁能源技术的研发与引进,推动清洁能源替代,加强环保低碳技术和污染物无害化处理和再利用技术;其次研发引进污染移除和生态修复技术,改进生产工艺和流程,提高能源转换和能源利用能力,减少能源损耗,提高能效,从根本上减少 CO_2 及伴生污染,提高生态品质。

9.3.4　实行精准网格化管理

第一,实行精准网格化管理。城市可以从不同视角看成不同的集合,如:城市是不同街道及其一定范围内的建筑及自然生态支持因素的集合;是不同建筑及其附属支持因素的集合;是森林、绿地、水域、农地、交通及各种建设用地、居住用地、工商业用地和未利用土地的集合;是水/湿地系统、农业—农地系统、森林绿地系统、近海及海岸带系统、大气系统的集合;是一、二、三产业活动及生态环境支持因素的集合;是生态失衡空间和生态平衡空间的集合;是城市固有生态环境容量的存量和输入输出流量的集合;是人为社会经济活动碳排放和碳汇及城市自然生态环境碳源碳汇的集合。

因此,上海可以根据区域差异,以适当的视角,将全市区域进行网格化划分,对每个网格区碳排放进行即时、精准化的动态管理与评估,对于突出的高碳污染区要重点治理,如配置绿色交通工具,减少老化交通运具,对区域关键污染企业及其他重点碳源和污染伴排对象采取更严格的管理,对重点内城区域征收"毒气排放税"。

第二,建立国际化、开放性碳排放数据库和动态排放清单,构建开放的低碳化研发—采用—政策—项目—推广—宣教等综合支持系统,强化排放清单管理,建立大数据支持下的生态品质调控机制。

第三,构建智能平台,将政府—市场—社会完美结合,将上海低碳发展提高生态品质的原理机制,完善的中长期低碳与生态品质战略计划与规划、根本目标、实施步骤、政策措施和最终愿景向全球展示,凝聚低碳化推进生态品质的各种正能量,推动低碳发展与生态品质的提升。

第四,根据各区的碳源碳汇特点,制定明确的低碳发展路径和模式,形成各具特色的低碳发展效益,促进生态品质的提升和生态福利的提高。

第五,建立保护上海的生态支持体系,形成生态产品或内涵生态资源产品的细目系统,依托低碳发展,整合上海总体生态系统的和谐"接口"与"通道",发挥其整体功能,提升全市的生态品质。

9.3.5 激发居民的低碳行为意识和参与能力

首先,建设信息通达的上海环境生态信息网络展示系统,引导百姓参与,培养市民在生活生产中低碳节能减排的行为模式,促进低碳化可持续发展,提高生态品质。

其次,成立个人减排补偿基金,对个人的减排额及时认证和补偿,将个人的低碳和减排对上海生态品质改善的"点滴"贡献认证出来,给予一定的物质或精神鼓励,激发其长此以往的积极性。

最后,加强低碳文化建设,促进企业家、社会团体及个人的低碳自觉和低碳行为习惯的转变,推动生态品质的提升。

9.3.6 加强低碳生态规划,促进低碳生态设施建设

首先,要推进专门的低碳生态圈规划。上海应改"单兵作战"为"集团作战",引领周边城市的低碳协同行为,推动上海低碳生态圈、长三角低碳生态圈和华东低碳生态圈建设。

其次,要调节输入结构。一方面要调节能源输入结构,降低电力输入中煤炭能源的比重,降低市域内能源自给比例,加强沪外自有/主控基地建设,并加快能源输入的清洁化,保障能源安全,另一方面应合理调入生态密集型产品、原料,避免当地化生产而大量占有、损耗本市生态资源(见图9—17)。

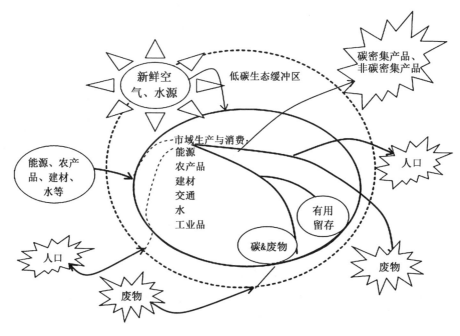

图 9—17   上海的碳输入—输出的动态结构示意图

9.3.7   重点解决生态环境治理的不均衡与不充分问题

目前,经过低碳发展和环境治理,上海排入大气、河流水域、土壤、海岸带的污染物种类、数量都在减少,排放浓度、排放数量达到了国家排放标准,符合国家或地方环境质量标准,生态环境得到了很大的改善。但是,这些改善仍呈现局部性、不充分和不平衡状态。

长期的生态破坏和污染积淀需要长期、大量的资金投入才会彻底恢复,生态品质的显著提升需要长期的低碳化发展模式的坚持和社会经济行为的改进。尽管环境治理达标面向好,主流河段的河水不臭了,但居民依然没有获得向往的河水洁净和城市宜人的优良生态品质。今后应加强低碳发展的强度和科技含量,重点治理生态环境改善中的不平衡、不充分,全面提升上海的生态品质。

9.3.8   加强碳汇建设

上海生态品质提升的碳汇发展方略包括农业碳汇战略、蓝色碳汇(海洋碳汇)

发展战略、绿色碳汇发展战略和湿地碳汇发展战略等。

9.3.9　强制屋顶绿化,加大垃圾分类,建立生态低碳账户

鉴于上海绿化空间的稀缺,屋顶及相关建筑物构筑物的垂直绿化潜力很大。因此,学习哥本哈根等一些低碳城市的经验,制定强制屋顶及相关垂直绿化的法规并付诸行动,对于上海促进低碳发展、提升生态品质具有重要的实践意义。

垃圾可以看作放错了位置的资源(孙明圣,2014)。[①] 对上海来说,每天都产生大量的垃圾(尤其是大量生活垃圾),组分复杂,排放点零散,处理成本很高,且直接或间接地排放了大量的 CO_2 或其他温室气体、有害气体及其他水污染物和土壤污染物。因此,加大垃圾的细化分类管理,将生产生活的废弃物转化为资源而循环利用,对上海的低碳发展和生态品质提高十分重要。

上海作为正在崛起的卓越的世界城市和生态之城,智能化和精细化管理正在加强。为了精准把握上海的低碳效果和生态品质,上海应当建立低碳账户和生态资源账户体系,建设全市的碳排放和低碳账户系统、生态资源动态账户系统,建设不同社区、街道、企事业单位和家庭低碳账户系统,动态监控上海总体碳平衡状况和生态资源供需平衡状况,动态监控、惩罚、激励不同街道、社区、企事业单位及家庭的碳平衡状况和低碳行为效果,有力促进上海的低碳发展和生态品质提升。

9.3.10　构建全面系统开放的低碳化、绿色化、无害化支持体系

上海低碳发展和生态品质的最终目标是建成生态系统功能强大的生态上海。这需要重新整合上海的土地/土壤、海洋湿地、大气、林草、河流水系等生态资源,通过国内、国际市场的支持体系避免对内部生态资源的"蚕食",形成水产品及食品有机化、能源清洁化与轻碳化、建材及制造业生产消费的低碳化和对本地无害化、垃圾储运治理的无害化与低碳化、大气及河湖水系统的洁净化、林草及湿地系

---

① 孙明圣.浅析城市生活垃圾处理的能源化再利用[J].资源节约与环保,2014(9):52.

统的生态化(见图 9—18)。

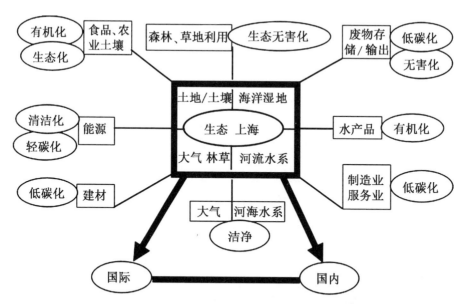

图 9—18　上海低碳发展提升生态品质的支持系统重构示意图

参 考 文 献

一、中文文献

［1］巴黎市政府宣布 2030 年禁止汽油车上路［EB/OL］.2017—10—5.

［2］蔡博峰.低碳城市规划［M］.北京：化学工业出版社,2011.

［3］柴麒敏.后巴黎时代中国的低碳发展［J］.浙江经济,2016(12)：8—9.

［4］曹大宇.生活满意度视角下的环境与经济协调发展［M］.北京：中国农业科学技术出版社,2012.

［5］曹建华,邵帅,张祥建.上海低碳经济：技术路径设计［M］.上海：上海财经大学出版社,2011.

［6］陈广仁,祝叶华.城市空气污染的治理［J］.科技导报,2014,32(33)：15—22.

［7］陈吉宁.以改善环境质量为核心 全力打好补齐环保短板攻坚战——在 2016 年全国环境保护工作会议上的讲话［EB/OL］.2016—01—15.

［8］陈仁杰.复合型大气污染对我国 17 城市居民健康效应研究［D］.复旦大学博士学位论文,2013.

［9］陈诗一.中国碳排放强度的波动下降模式及经济解释［J］.世界经济,2011(4)：126—145.

［10］陈玺撼.外卖一次性餐具带来的严重污染［J］.现代阅读,2017(11)：54—55.

［11］陈雅.长三角能源碳排放与区域经济增长关系研究［D］.华东师范大学,2016.

［12］陈一峰,覃力,郭晋生,周静敏,开彦.低碳居住 低碳生活［J］.城市建筑,2011(1)：6—9.

［13］程炜.江苏省十一五环境保护规划指标可达性分析［J］.环境科技,2009,22(2)：51—54,57.

［14］成云峰,赵茜,宣岩芳,曹林奎.上海发展节约型农业的基本模式研究［J］.上海交通大学

学报(农业科学版),2008(6):592—598.

[15] 戴嵘,曹建华等.中国首次"低碳试点"政策的减碳效果评价——基于五省八市的 DID 估计[J].科技管理研究,2015(12):56—61.

[16] 邓荣荣.我国首批低碳试点城市建设绩效评价及启示[J].经济纵横,2016(8):41—46.

[17] 邓荣荣,詹晶.低碳试点促进了试点城市的碳减排绩效吗——基于双重差分方法的实证[J].系统工程,2017,35(11):68—73.

[18] 第一财经研究院.空气污染有多折寿[N].第一财经日报,2016—07—14.

[19] 丁丁,蔡蒙,付琳,杨秀.基于指标体系的低碳试点城市评价[J].中国人口·资源与环境,2015(10):1—10.

[20] 丁丁,杨秀.我国低碳发展试点工作进展分析及政策建议[J].经济研究参考,2013(43):92—96.

[21] 董纯蕾.上海市气象局、绿化局持续 5 年近日刚完成的一项合作研究证实——城市越绿人越爽.见徐祖信.上海环境年鉴[J].上海:上海人民出版社,2006.

[22] 杜军.东京都节能减碳的实践及启示[C].2013 城市国际化论坛,北京:2013—12—01.

[23] 范纯增,顾海英,姜虹.长江流域工业环境绩效评价研究[J].生态经济,2015,31(3):31—35.

[24] 范纯增,顾海英,姜虹.城市工业大气污染治理效率研究:2000—2011[J].生态经济,2015,31(11):128—132.

[25] 范纯增,顾海英,姜虹.中国工业大气污染治理效率及区域差异[J].生态经济,2016,32(4):170—174.

[26] 范纯增,顾海英,许源.低碳农业园区建设研究——以东滩低碳农业示范园区为例[J].生态经济,2013(3):117—121.

[27] 范纯增,姜虹.中国工业大气污染治理效率及产业差异[J].生态经济,2016,32(8):153—157.

[28] 范纯增,刘玉宝,姜虹.山东海洋牧场可持续发展与环境保护[J].水产学杂志,2001(2):7—11.

[29] 范纯增,许源,顾海英.崇明东滩低碳农业园区建设绩效评估[J].长江流域资源与环境,2011,20(12):1454—1461.

[30] 范修远,陈玉成.重庆主城区主要行道植物硫氮水平的初步研究[J].资源与人居环境,2007(6):74—75.

[31] 冯彤.低碳试点城市项目对碳强度的影响评估[J].云南民族大学学报(自然科学版),

2017(2)：174—178.

[32] 傅晓薇.城市道路交通噪声治理措施分析[J].交通建设与管理,2010(Z1)：94—96.

[33] 国家统计局.城镇化水平不断提升 城市发展阔步前进——新中国成立 70 周年经济社会
发展成就系列报告之十七[R].2019.

[34] 国家统计局.中国能源统计年鉴[M].北京：中国统计出版社(历年).

[35] 哈思杰,韩敏,章迟.新时期城市生态品质建设规划的探索实践——以武汉市为例[J].华
中建筑,2018(7)：69—72.

[36] 韩峰,谢锐.生产性服务业集聚降低碳排放了吗?——对我国地级及以上城市面板数据
的空间计量分析[J].数量经济技术经济研究,2017,34(3)：41—59.

[37] 杭春燕.2014 年江苏 PM$_{2.5}$ 平均浓度同比下降 9.6%[EB/OL].2015—01—24.

[38] 胡辉,谢静,吴旭.环境影响评价方法与实践[M].武汉：华中科技大学出版社,2021.

[39] 胡荣桂.环境生态学[M].武汉：华中科技大学出版社,2010.

[40] 黄宝荣,欧阳志云,张慧智,郑华,徐卫华,王效科.1996—2005 年北京城市生态质量动态
[J].应用生态学报,2008(4)：845—852.

[41] 黄钢.生态城市的规划与建设——以上海市为例[C].中国环境科学学会学术年会论文
集,2013(1)：456—460.

[42] 黄华梅,张利权,高占国.上海滩涂植被资源遥感分析[J].生态学报,2005(10)：2686—
2693.

[43] 黄伟光,汪军.中国低碳城市建设报告[M].北京：科学出版社,2014.

[44] 霍思伊.武汉是怎么摘掉"火炉"帽子的?[J].中国新闻周刊,2017,28：20—25.

[45] 纪宇.无燃油时代要来了吗[J].中国新时代,2018(1)：100—103.

[46] 贾宁,陈泽军,宋国君.纽约低碳城市规划及对中国的启示[J].环境污染与防治,2014,
36(7)：97—102.

[47] 姜洋.你住在"热岛"上吗?[J].黑龙江科学,2012(12)：20—21.

[48] 阚海东,陈秉衡,汪宏.上海市城区大气颗粒物污染对居民健康危害的经济学评价[J].中
国卫生经济,2004,23(2)：8—11.

[49] 科尔斯塔德.环境经济学[M].北京：中国人民大学出版社,2011.

[50] 连玉明.中国大城市低碳发展水平评估与实证分析[J].经济学家,2012(5)：44—52.

[51] 李俊峰,柴麒敏,马翠梅,王际杰,周泽宇,王田.中国应对气候变化政策和市场展望[J].
中国能源,2016,38(1)：5—11,21.

[52] 李孟伟,陈清华.利用 IPCC 法分析湖南省畜禽养殖业温室气体排放趋势[J].湖南饲料,

2014(3)：8—11.

[53] 李平.低碳城市建设的国际经验借鉴[J].商业时代,2010(35)：121—122.

[54] 李茜.《上海市城市总体规划(2016—2040年)》草案公示[J].城市轨道交通研究,2016(9)：9—9.

[55] 李荣冠.中国海陆架及邻近海域大型底栖生物[M].北京：海洋出版社,2003.

[56] 李素萃,赵艳玲,肖武,张禾裕.巢湖流域景观生态质量时空分异评价[EB/OL].2019—10—25.

[57] 李润东,可欣.能源与环境概论[M].北京：化学工业出版社,2013.

[58] 李顺毅.低碳城市试点政策对电能消费强度的影响——基于合成控制法的分析[J].城市问题,2018(7)：38—47.

[59] 李伟.新能源汽车全行业发力的时候到了[J].中国科技财富,2017(10)：84—85.

[60] 黎治华,高志强,高炜,施润和,刘朝顺.上海近十年来城市化及其生态环境变化的评估研究[J].国土资源遥感,2011(2)：124—129.

[61] 廖远琴.上海市耕地后备资源宜耕性调查评价[J].上海国土资源,2016,37(1)：19—23.

[62] 刘滨谊,姜允芳.中国城市绿地系统规划评价指标体系的研究[J].城市规划汇刊,2002(2)：27—29,79.

[63] 刘慧,唐启升.国际海洋生物碳汇研究进展[J].中国水产科学,2011(3)：695—702.

[64] 刘佳骏,史丹,裴庆冰.我国低碳试点城市发展现状评价研究[J].重庆理工大学学报(社会科学),2016,30(10)：32—38,66.

[65] 刘健,王润,孙艳伟,舒舍玉,肖黎姗.中国低碳试点省份发展路径研究[J].中国人口·资源与环境,2012,22(3)：56—62.

[66] 刘瑞明,赵仁杰.西部大开发：增长驱动还是政策陷阱——基于PSM-DID方法的研究[J].中国工业经济,2015(6)：32—43.

[67] 刘先雨.借鉴国际经验加快大连低碳城市建设的思考[J].时代经贸,2012(32)：39—40.

[68] 龙亮军,王霞.上海市生态福利绩效评价研究[J].中国人口·资源与环境,2017(2)：84—92.

[69] 鲁万波,仇婷婷,杜磊.中国不同经济增长阶段碳排放影响因素研究[J].经济研究,2013,48(4)：106—118.

[70] 陆伟芳.当代伦敦治理道路交通污染的新举措——以《伦敦市长空气质量策略》为例[C].中国世界史研究论坛第七届学术年会暨吴于廑学术思想研讨会,2013—04—01.

[71] 陆贤伟.低碳试点政策实施效果研究——基于合成控制法的证据[J].软科学,2017,

31(11)：98—101,109.

［72］陆小成.纽约城市转型与绿色发展对北京的启示［J］.城市观察,2013(1)：125—132,
168.

［73］罗斯元.低碳城市综合评价研究［J］.合作经济与科技,2019(11)：7—10.

［74］马涛.后京都时代的对外贸易［M］.上海：复旦大学出版社,2010.

［75］马宪国.世界能源供需形势与上海能源转型发展［J］.上海节能,2017(12)：685—687.

［76］美国国家工程院,美国国家研究理事会,中国工程院,中国科学院.能源前景与城市污
染——中美两国面临的挑战［M］.北京：中国环境科学出版社,2008.

［77］梅雪英,张修峰.长江口典型湿地植被储碳、固碳功能研究——以崇明东滩芦苇带为例
［J］.中国生态农业学报,2008(2)：269—272.

［78］孟飞,刘敏,史同广.上海农田土壤重金属的环境质量评价［J］.环境科学,2008(2)：
2428—2433.

［79］欧阳慧.基于碳减排视角的国家试点低碳城(镇)发展路径［J］.城市发展研究,2016,
23(6)：15—20.

［80］彭希哲,田文华,梁鸿.上海市空气污染造成人群健康经济损失的研究［J］.复旦学报(社
会科学版),2002(2)：105—111.

［81］气候组织.国际视角的城市低碳发展——国际城市气候变化行动计划综述［R］.2010.

［82］钱俊生.科技新概念［M］.北京：中共中央党校出版社,2004.

［83］清华大学建筑节能研究中心.中国建筑节能年度发展研究报告［M］.北京：中国建筑工
业出版社,2016.

［84］仇保兴.我国城市发展模式转型趋势——低碳生态城市［J］.城市发展研究,2009,
16(8)：1—6.

［85］仇保兴.我国低碳生态城市建设的形势与任务［J］.城市规划,2012,36(12)：9—18.

［86］《上海环境年鉴》编委会.上海环境年鉴［M］.上海：上海人民出版社(历年).

［87］上海交通大学课题组.东滩低碳发展报告［R］.2011.

［88］上海市发改委.上海市2016年碳排放配额分配方案［EB/OL］.2016—6—30.

［89］上海市海洋局.2016年上海市海洋环境质量公报［EB/OL］.2017—8—21.

［90］上海市林业总站,上海交通大学,上海城市森林生态国家站.上海市森林生态系统服务
功能评估报告(2016年度)［R］.2017.

［91］上海市水务局.2000年上海水资源公报［EB/OL］.2001—6—1.

［92］上海市统计局.上海统计年鉴［M］.北京：中国统计出版社(历年).

[93] 上海市政府.上海市国民经济和社会发展第十三个五年规划纲要[EB/OL].2016—1—29.

[94] 上海市政府.上海市总体规划(2017—2035)图集[EB/OL].2018—1—1.

[95] 尚勇敏.城市生态品质建设的居民感知与影响因素分析——基于上海市576份问卷调查的分析[C].见中国特色社会主义:实践探索与理论创新——纪念改革开放四十周年(上海市社会科学界第十六届学术年会文集:2018年度).

[96] 尚勇敏.上海提升城市生态品质的总体思路与建设路径[J].科学发展,2018(6):85—95.

[97] 邵桂兰,任肖嫦,李晨.基于B-S期权定价模型的碳汇渔业价值评估——以海水养殖藻类为例[J].中国渔业经济,2017(5):76—82.

[98] 盛广耀.中国低碳城市建设的政策分析[J].生态经济,2016,32(2):39—43.

[99] 石洪华,王晓丽,郑伟,王嫒.海洋生态系统固碳能力估算方法研究进展[J].生态学报,2014(1):12—22.

[100] 世界自然基金会上海低碳发展路线图课题组.2050上海低碳发展路线图报告[M].北京:科学出版社,2011.

[101] 宋成洋.浅议我国碳汇渔业的发展[J].中国经贸,2015(7):58.

[102] 宋德勇,张纪录.中国城市低碳发展的模式选择[J].中国人口·资源与环境,2012,22(1):15—20.

[103] 宋弘,孙雅洁,陈登科.政府空气污染治理效应评估——来自中国"低碳城市"建设的经验研究[J].管理世界,2019,35(6):95—108,195.

[104] 宋洪涛,崔丽娟,栾军伟,李胜男,马琼芳.湿地固碳功能与潜力[J].世界林业研究,2011,24(6):6—11.

[105] 宋金明.中国近海生物地球化学[M].北京:山东科学技术出版社,2004.

[106] 宋祺佼,王宇飞,齐晔.中国低碳试点城市的碳排放现状[J].中国人口·资源与环境,2015,25(1):78—82.

[107] 隋玉正,史军,崔林丽,梁萍.上海城市人居生态质量综合评价研究[J].长江流域资源与环境,2013,22(8):965—971.

[108] 孙明圣.浅析城市生活垃圾处理的能源化再利用[J].资源节约与环保,2014(9):52.

[109] 孙晓飞.国际低碳城市发展研究——以纽约和伦敦为例[J].应用能源技术,2019(9):15—20.

[110] 孙欣,张可蒙.中国碳排放强度影响因素实证分析[J].统计研究,2014,31(2):61—67.

[111] 谭娟,王卿,黄沈发,王敏,沙晨燕.上海市滩涂湿地土壤质量评价[J].广东农业科学, 2012,39(23)：163—167.

[112] 唐启升.中国养殖业可持续发展战略研究：水产养殖卷[M].北京：中国农业出版社, 2013.

[113] 唐启升.碳汇渔业与又好又快发展现代渔业[J].江西水产科技,2011(2)：5—7.

[114] 汤榕珺,刚成诚,李建龙.苏州市吴中区生态环境质量现状定量评估与分析[J].天津农业科学,2015,21(6)：78—83.

[115] 陶磊,李国民,王崇如,周轶喆,朱庆华.西门子1000MW超超临界机组汽门底座裂缝的现场处理[J].电力与能源,2017(2)：188—190.

[116] 童家佳.受众对上海城市形象的认知差异研究——以上海常住居民与外省市居民认知差异实证调查为例[D].上海师范大学硕士论文,2015.

[117] 王清华,邢尚军,宋玉民,张建峰,杜振宇.济青高速公路绿化带对交通噪声和铅污染的防护作用[J].山东交通科技,2009(1)：11—14.

[118] 王如松,韩宝龙.新型城市化与城市生态品质建设[J].环境保护,2013,41(2)：13—16.

[119] 王伟.低碳时代的中国能源发展政策研究[M].北京：中国经济出版社,2011.

[120] 王新军,敬东,张凤娥.上海城市热岛效应与绿地系统建设研究[J].华中建筑,2008(12)：113—117.

[121] 王颖,潘鑫,但波."全球城市"指标体系及上海实证研究[J].上海城市规划,2014(6)：46—51.

[122] 王勇.单位GDP能耗的数学模型探讨[J].科技创新导报,2011(17)：89.

[123] 王铮,朱泳彬,王丽娟,刘晓.中国碳排放控制策略研究[M].北京：科学出版社,2013.

[124] 王治国.关于生态修复的若干概念与问题的讨论[J].中国水土保持,2003(10)：4—6.

[125] 闻之.全域规划建设生态品质城市——成都打造高标准天府绿道[J].资源与人居环境, 2018(1)：66—71.

[126] 肖乐,刘禹松.碳汇渔业对发展低碳经济具有重要和实际意义　碳汇渔业将成为新一轮渔业发展的驱动力——专访中国科学技术协会副主席、中国工程院院士唐启升[J].中国水产,2010(8)：4—8.

[127] 谢怀建.城市绿化的价值取向分析与质量提升路径[J].城市发展研究,2007(2)：131—135.

[128] 谢怀建,王昌贤.实施生态绿化,促进重庆外环高速公路的路域生态建设[J].城市发展研究,2009(1)：80—84.

［129］徐文珍,谢怀建.城市道路生态品质提升研究[J].城市发展研究,2013,20(8)：54—60.

［130］徐燕燕.中国饮用水标准比肩欧美　为何屡陷"污染门"[N].第一财经日报,2014—05—28.

［131］杨鹏,陶小马,崔风暴.上海市碳排放量及碳源分布[J].同济大学学报(自然科学版),2010,38(9)：1397—1402.

［132］岳冬冬,王鲁民.我国海水养殖贝类产量与其碳汇的关系[J].江苏农业科学,2012,40(11)：246—248.

［133］袁文平.经济增长方式转变机制论[M].成都：西南财经大学出版社,2000.

［134］张杰,唐斌,汪嘉杨.四川省地级市生态环境质量评价模型[J].四川环境,2012,31(1)：8—11.

［135］张金萍.中国低碳发展的类型及空间分异[J].资源科学,2014(12)：2491—2499.

［136］张丽君,李宁,秦耀辰,张晶飞,王霞.基于 DPSIR 模型的中国城市低碳发展水平评价及空间分异[J].世界地理研究,2019,28(3)：85—94.

［137］张庆阳,郭明佳,赵洪亮,刘国维.国外生态文明城市探索经验(上)[J].城乡建设,2017(19)：64—67.

［138］张旺.北京碳排放的格局变化与驱动因子研究[M].北京：新华出版社,2017.

［139］张文杰,郑锦荣.低碳视角下发展上海海洋经济的思考[J].上海管理科学,2011(3)：15—18.

［140］张胃鹏.还城市以"呼吸"——基于中国城市生态品质现状的再思考[J].城市建筑,2013(14)：297—298.

［141］张志东.城市既有住区生态品质提升路径与评价研究[D].中南林业科技大学硕士论文,2018.

［142］赵文昌.空气污染对城市居民的健康风险与经济损失的研究[D].上海交通大学硕士论文,2012.

［143］郑明,马宪国.上海能源消费对大气环境的影响分析[J].上海节能,2015(1)：26—28.

［144］中国工程院课题组.生物碳汇扩增战略研究[M].北京：科学出版社,2015.

［145］中华人民共和国环保部.2016 中国环境状况公报[EB/OL].2017—05—31.

［146］中华人民共和国环保部.2018 中国生态环境状况公报[EB/OL].2019—5—31.

［147］中华人民共和国环保部.中国环境年鉴[M].北京：中国环境出版社(历年).

［148］中华人民共和国环保部.中国环境统计年报[M].北京：中国环境出版社(历年).

［149］中华人民共和国环保部.中国环境统计年鉴[M].北京：中国环境出版社(历年).

[150] 周迪,周丰年,王雪芹.低碳试点政策对城市碳排放绩效的影响评估及机制分析[J].资源科学,2019,41(3):546—556.

[151] 周冯琦.上海资源环境发展报告[M].北京:社会科学文献出版社,2017.

[152] 周国宏,聂小荣.基于资源生态品质的鄱阳湖区旅游空间格局[J].现代商贸工业,2018,39(3):14—15.

[153] 周乃君.能源与环境[M].北京:中南大学出版社,2013.

[154] 周亚萍,安树青.生态质量与生态系统服务功能[J].生态科学,2001(1,2):85—90.

[155] 周毅,杨红生,刘石林,何义朝,张福绥.烟台四十里湾浅海养殖生物及附着生物的化学组成、有机净生产量及其生态效应[J].水产学报,2002(1):21—27.

[156] 诸大建,张帅.生态福利绩效及其与经济增长的关系研究[J].中国人口·资源与环境,2014,24(9):59—67.

[157] 朱晓颖.美国科学促进会(AAAS)报告称空气污染每年"杀死"550万人中印占过半[EB/OL].2016—02—15.

[158] 庄贵阳,周伟铎.中国低碳城市试点探索全球气候治理新模式[J].中国环境监察,2016(8):19—21.

[159] 庄贵阳,朱守先,袁路,谭晓军.中国城市低碳发展水平排位及国际比较研究[J].中国地质大学学报(社会科学版),2014,14(2):17—23,138.

二、英文文献

[1] Achard, F., Eva, H. D., Stibig, H. J., Mayaux, P., Gallego, J., Richards, T., Malingreau, J. p., 2002. Determination of Deforestation Rates of the World's Humid Tropical Forests[J]. Science, 297(5583), pp. 999—1002.

[2] Alhorr, Y., Eliskandarani, E., Elsarrag, E., 2014. Approaches to Reducing Carbon Dioxide Emissions in the Built Environment: Low Carbon Cities[J]. International Journal of Sustainable Built Environment, 3(2), pp. 167—178.

[3] Andrews, S. Q., 2008. Seeing through the Smog: Understanding the Limits of Chinese Air Pollution Reporting[J]. China Environmental Series, 10, pp. 5—29.

[4] Ang, B. W., 2004. Decomposition Analysis for Policymaking in Energy: Which Is the Preferred Method? [J]. Energy Policy, 32(9), pp. 1131—1139.

[5] Ang, B. W., 2005. The LMDI Approach to Decomposition Analysis: a Practical Guide [J]. Energy Policy, 33(7), pp. 867—871.

[6] Ang, B. W., Liu., F. L., 2001. A New Energy Decomposition Method: Perfect in Decomposition and Consistent in Aggregation[J]. Energy, 26(6), pp. 537—548.

[7] Ang, B. W., Zhang, F. Q., 2000. A Survey of Index Decomposition Analysis in Energy and Environmental Studies[J]. Energy, 25(12), pp. 1149—1176.

[8] Ansari, A., Golabi, M. H., 2019. Using Ecosystem Service Modeler (ESM) for Ecological Quality, Rarity and Risk Assessment of the Wild Goat Habitat, in the Haftad-Gholleh Protected Area[J]. International Soil and Water Conservation Research, 7(4), pp. 346—353.

[9] Arceo, E., Hanna, R., Oliva, P., 2016. Does the Effect of Pollution on Infant Mortality Differ Between Developing and Developed Countries? Evidence from Mexico City[J]. The Economic Journal, 126(591), pp. 257—280.

[10] Baabou, W., Grunewald, N., Ouellet-Plamondon, C., Gressot, M., Galli, A., 2017. The Ecological Footprint of Mediterranean Cities: Awareness Creation and Policy Implications[J]. Environmental Science & Policy, 69, pp. 94—104.

[11] Barwick, P. J., Li, S., Rao, D., Zahur, N. B., 2017. Air Pollution, Health Spending and Willingness to Pay for Clean Air in China[J]. SSRN Electronic Journal, 10.

[12] Béja, O., Spudich, E. N., Spudich, J. L., Leclerc, M., Selong, E. F., 2001. Proteorhodopsin Phototrophy in the Ocean[J]. Nature, 411(6839), pp. 786—789.

[13] Bhattacharyya, S. C., Ussanarassamee, A., 2004. Decomposition of Energy and CO_2 Intensities of Thai Industry between 1981 and 2000[J]. Energy Economics, 26(5), pp. 765—781.

[14] Bishop, J. K., Wood, T. J., 2009. Year-round Observations of Carbon Biomass and Flux Variablility in the Southern Ocean. Global Biogeochemical Cycles[J]. 23(2), pp. 279—289.

[15] Bridgham, S. D., Megonigal. J. P., Keller, J. K., Bliss, N. B., Trettin, C., 2006. The carbon balance of North American wetlands[J]. Wetlands, 26(4), pp. 889—916.

[16] Byrne, J., Hughes, K., Rickerson, W., Kurdgelashvili, L., 2007. American Policy Conflict in the Greenhouse: Divergent Trends in Federal, Regional, State, and Local Green Energy and Climate Change Policy[J]. Energy Policy, 35(9), pp. 4555—4573.

[17] Chang T., Graff Zivin J., Gross, T., Neidell, M., 2016. Particulate Pollution and the

Productivity of Pear Packers[J]. American Economic Journal: Economic Policy, 8(3), pp. 141—169.

[18] Chay, K. Y., Greenstone, M., 2005. Does Air Quality Matter? Evidence from the Housing Market[J]. Journal of Political Economy, 113(2), pp. 376—424.

[19] Chen, F., Zhu, D., 2013. Theoretical Research on Low-carbon City and Empirical Study of Shanghai[J]. Habitat International, 37, pp. 33—42.

[20] Chen, G., Hadjikakou, M., Wiedmann, T., 2017. Urban Carbon Transformations: Unravelling Spatial and Inter-sectoral Linkages for Key City Industries Based on Multi-region Input-output Analysis[J]. Journal of Cleaner Production, 163, pp. 224—240.

[21] Chen, G., Hadjikakou, M., Wiedmann, T., Shi, L., 2018. Global Warming Impact of Suburbanization: The Case of Sydney[J]. Journal of Cleaner Production, 172, pp. 287—301.

[22] Chen, G. Q., Chen, Z. M., 2010. Carbon Emissions and Resources Use by Chinese Economy 2007: A 135-Sector Inventory and Input-output Embodiment [J]. Communications in Nonlinear Science and Numerical Simulation, 15(11), pp. 3647—3732.

[23] Chen, G. Q., Chen, Z. M., 2011. Greenhouse Gas Emissions and Natural Resources Use by the World Economy: Ecological Input-output Modeling [J]. Ecological Modelling, 222(14), pp. 2362 2376.

[24] Chen, G. Q., Zhang, B., 2010. Greenhouse Gas Emissions in China 2007: Inventory and Input-output Analysis[J]. Energy Policy, 38(10), pp. 6180—6193.

[25] Chen, G., Wiedmann, T., Wang, Y., Hadjikakou, M., 2016. Transnational City Carbon Footprint Networks-exploring Carbon Links between Australian and Chinese Cities[J]. Applied Energy, 184(15), pp. 1082—1092.

[26] Chen, G., Zhu, Y., Wiedmann, T., Yao, L., Xu, L., Wang, Y., 2019. Urban-rural Disparities of Household Energy Requirements and Influence Factors in China: Classification Tree Models[J]. Applied Energy, 250, pp. 1321—1335.

[27] Chen, Z. M., Chen, G. Q., 2011. An Overview of Energy Consumption of the Globalized World Economy[J]. Energy Policy, 39(10), pp. 5920—5928.

[28] Chen, Z. M., Chen, G. Q., 2011. Embodied Carbon Dioxide Emission at Supra-national Scale: A Coalition Analysis for G7, BRIC, and the Rest of the World[J].

Energy Policy, 39(5), pp. 2899—2909.

[29] Costanza, R., d'Arge, R., de Groot, R., Farber, S., Grasso, M., Hannon, B., Limburg, K., Naeem, S., O'Neill, R. V., Paruelo, J., Raskin, R. G., Sutton, P., van den Belt, M., 1997. The Value of the World's Ecosystem Services and Natural Capital[J]. Nature, 387, pp. 253—260.

[30] Dhakal, S., 2009. Urban Energy Use and Carbon Emissions from Cities in China and Policy Implications[J]. Energy Policy, 37(11), pp. 4208—4219.

[31] Duarte, C. M., Chiscano, C. L., 1999. Seagrass Biomass and Production: a Reassessment[J]. Aquatic Botany, 65(1—4), pp. 159—174.

[32] Ebenstein, A., Fan, M., Greenstone, M., He, G., Yin, P., Zhou, M., 2015. Growth, Pollution, and Life Expectancy: China from 1991—2012 [J]. American Economic Review, 105(5), pp. 226—231.

[33] Ebenstein, A., Fan, M., Greenstone, M., He, G., Zhou, M., 2017. New Evidence on the Impact of Sustained Exposure to Air Pollution on Life Expectancy from China's Huai River Policy[J]. Proceeding of the National Academy of Sciences, 114(39), pp. 10384—10389.

[34] Engle, V. D., 2011. Estimating the Provision of Ecosystem Services by Gulf of Mexico Coastal Wetlands[J]. Wetlands, 31, pp. 179—193.

[35] Fan, C., 2001. Sustainable Development and Environment Protection of Marine Ranch in Shandong Province[J]. NCRD Research Report Series, 42, pp. 68—78.

[36] Fan, C., Gu, H., Jiang, H., 2015. Energy-Related Carbon Emissions in Shanghai: Driving Forces and Reducing Strategies [C]. In Low-carbon City and New-type Urbanization[M]. Berlin: Springer Berlin, Heidelberg, pp. 25—41.

[37] Fan, C., Wci, T., 2016. Effectiveness of Integrated Low-carbon Technologies[J]. International Journal of Climate Change Strategies and Management, 8(5), pp. 758—776.

[38] Fan, X., Dai, X., Yang, G., Jia, Z., Liu, L., Sun, N., 2017. Detecting Artificialization Process and Corresponding State Changes of Estuarine Ecosystems Based on Naturalness Assessment[J]. Ocean and Coastal Management 146, pp. 178—186.

[39] Fan, Y., Liu, L. C., Wu, G., Tsai, H. T., Wei, Y. M., 2007. Changes in Carbon Intensity in China: Empirical Findings form 1980—2003 [J]. Ecological Economics,

62(3—4)，pp. 683—691.

［40］Gao, G. , Chen, S. , Yang, J. , 2015. Carbon Emission Allocation Standards in China: A Case Study of Shanghai City[J]. Energy Strategy Reviews, 7, pp. 55—62.

［41］Gnansounou, E. , Dong, J. , Bedniaguine, D. , 2004. The Strategic Technology Options for Mitigating CO_2 Emissions in Power Sector: Assessment of Shanghai Electricity-Generating System[J]. Ecological Economics, 50(1—2), pp. 117—133.

［42］Gomi, K. , Ochi, Y. , Matsuoka, Y. , 2011. A Systematic Quantitative Backcasting on Low-Carbon Society Policy in Case of Kyoto City[J]. Technological Forecasting & Social Change, 78(5), pp. 852—871.

［43］Gomi, K. , Shimada, K. , Matsuoka, Y. , 2010. A Low-carbon Scenario Creation Method for a Local-scale Economy and Its Application in Kyoto City[J]. Energy Policy, 38(9), pp. 4783—4796.

［44］González, J. M. , Fernández-Gómez, B. , Fernàndez-Guerra, A. , Gómez-Consarnau, L. , Sánchez, O. , Coll-Lladó, M. , DelCampo, J. , Escudero, L. , Rodriguez-Martinez, R. , Alonso-Sáez, L. , Latasa, M. , Paulsen, I. , Nedashkovskaya, O. , Lekunberri, I. , Pinhassi, J. , Pedrós-Alió, C. , 2008. Genome Analysis of the Proteorhodopsin-containing Marine Bacterium Polaribacter sp. MED152(Flavobacteria)[J]. Proceedings of the Nationa Academy of Science USA, 105(25), pp. 8724—8729.

［45］Greater London Authority. Delivering London's Energy Future[R]. 2010.

［46］Harou, A. P. , Upton, J. B. , Lentz, E. C. , Barrett, C. B. , Gómez, M. I. , 2013. Tradeoffs or Synergies? Assessing Local and Regional Food Aid Procurement through Case Studies in Burkina Faso and Guatemala[J]. World Development, 49, pp. 44—57.

［47］Greater London Authority. London Energy and Greenhouse Gas Inventory 2008[R]. 2010.

［48］Hansen, A. J. , Davis, C. R. , Piekielek, N. , Gross, J. , Theobald, D. M. , Goetz, S. , Melton, F. , DeFries, R. , 2011. Delineating the Ecosystems Containing Protected Areas for Monitoring and Management[J]. BioScience, 61(5), pp. 363—373.

［49］Hansen, A. J. , DeFries, R. , 2007. Ecological Mechanisms Linking Nature Reserves to Surrounding Lands[J]. Ecological Applications, 17(4), pp. 974—988.

［50］Hao, Y. , Wu, Y. , Wang, L. , Huang, J. , 2018. Re-examine Environmental Kuznets Curve in China: Spatial Estimations Using Environmental Quality Index[J]. Sustainable

Cities and Society, 42, pp. 498—511.

［51］Harou, A. P., Upton, J. B., Lentz, E. C., Barrett, C. B., Gómez, M. I., 2013. Tradeoffs or Synergies? Assessing Local and Regional Food Aid Procurement through Case Studies in Burkina Faso and Guatemala[J]. World Development, 49, pp. 44—57.

［52］He, J., Liu, H., Salvo, A., 2019. Severe Air Pollution and Labor Productivity: Evidence from Industrial Towns in China[J]. American Economic Journal Applied Economics, 11(1), pp. 173—201.

［53］Hu, X., Xu, H., 2018. A New Remote Sensing Index for Assessing the Spatial Heterogeneity in Urban Ecological Quality: A Case from Fuzhou City, China[J]. Ecological Indicators, 89, pp. 11—21.

［54］IaIoana-Toroimac, G., Zaharia, L., Neculau, G., Maria, C. D., Iuliana, S. F., 2020. Translating a River's Ecological Quality In Ecosystem Services: An Example of Public Perception in Romania[J]. Ecohydrology & Hydrobiology, 20(1), pp. 31—37.

［55］Jacobs, J., 1992. The Death and Life of Great American Cities[M]. New York: Randon House Trade Publishing.

［56］Jiang, X., Ding, Z., Li, X., Sun, J., Jiang, Y., Liu, R., Wang, D., Wang, Y., Sun, W., 2020. How Cultural Values and Anticipated Guilt Matter in Chinese Residents' Intention of Low Carbon Consuming Behavior[J]. Journal of Cleaner Production, 246(3), pp. 119069.1—119069.12.

［57］Kim, k. R., 1999. Air-sea exchange of the CO_2 in the Yellow Sea[C]. In the 2nd Korea-China Symposium on the Yellow Sea Research, Seoul.

［58］Kuznets, S., 1955. Economic Growth and Income Inequality[J]. American Economic Review, 45 (1), pp. 1—28.

［59］Kwon, T. H., 2005. Decomposition of Factors Determining the Trend of CO_2 Emissions from Car Travel in Great Britain (1970—2000)[J]. Ecological Economics, 53 (2), pp. 261—275.

［60］Lambin, E. F., Turner, B. L., Geist, H. J., Agbola, S. B., Angelsen, A., Bruce, J. W., Coomes, O. T., Dirzo, R., Fischer, G., Folke, C., George, P. S., Homewood, K., Imbernon, J., Leemans, R., Li, X., Moran, E. F., Mortimore, M., Ramakrishnan, P. S., Richards, J. F., Skanes, H., Steffen, W., Stone, G. D., Svedin, U., Veldkamp, T. A., Vogel, C., Xu, J. C., 2001. The Causes of Land-use and Land-cover Change: Moving beyond the Myths[J]. Global Environmental Change, 11(4), pp. 261—269.

[61] Lehmann, S., 2013. Low-to-no Carbon City: Lessons from Western Urban Projects for the Rapid Transformation of Shanghai[J]. Habitat International, 37, pp. 61—69.

[62] Li, C., Song, Y., 2015. Government Response to Climate Change in China: A Study of Provincial and Municipal Plans[J]. Journal of Environmental Planning and Management, 59(9), pp. 1679—1710.

[63] Li, L., Chen, C., Xie, S., Huang, C., Cheng, Z., Wang, H., Dhakal, S., 2010. Energy Demand and Carbon Emissions under Different Development Scenarios for Shanghai, China[J]. Energy Policy,38(9), pp. 4797—4807.

[64] Li, Y., Hua, M., 2014. Green Efficiency of Chinese Cities: Measurement and Influencing Factors[J]. Urban Environment Study, 1(2), pp. 36—52.

[65] Li, Z., Galván, M. J. G., Ravesteijin, W., Qi, Z., 2017. Towards Low Carbon Based Economic Development: Shanghai as a C40 City [J]. Science of the Total Environment, 576, pp. 538—548.

[66] Lin, J., Jacoby, J., Cui, S., Liu, Y., Lin, T., 2014. A Model for Developing a Target Integrated Low Carbon City Indicator System: The Case of Xiamen, China[J]. Ecological Indicators, 40, pp. 51—57.

[67] Lin, T., Ge, R. B., Huang, J., Zhao, Q. J., Lin, J. Y., Huang, N., Zhang, G. Q., Li, X. H., Ye, H., Yin, K., 2016. A Quantitative Method to Assess the Ecological Indicator System's Effectiveness: A Case Study of the Ecological Province Construction Indicators of China[J]. Ecological Indicators, 62, 95—100.

[68] Lind, A., Espegren, K., 2017. The Use of Energy System Models for Analysing the Transition to Low-carbon Cities — The Case of Oslo[J]. Energy Strategy Reviews, 15, pp. 44—56.

[69] Liu, C. C., 2007. An Extended Method for Key Factors in Reducing CO_2 Emissions [J]. Applied Mathematics and Computation, 189(1), pp. 440—451.

[70] Liu, Q., Wang, S., Zhang, W., Li, J., 2018. Income Distribution and Environmental Quality in China: A Spatial Econometric Perspective[J]. Journal of Cleaner Production, 205, pp. 14—26.

[71] Liu, W., Qin, B., 2016. Low-carbon City Initiatives in China: A Review from the

Policy Paradigm Perspective[J]. Cities, 51, pp. 131—138.

[72] Liu, Z., Liang, S., Geng, Y., Xue, B., Xi, F., Pan, Y., Zhang, T., Fujita, T., 2012. Features, Trajectories and Driving Forces for Energy-Related GHG Emissions from Chinese Mega Cites: The Case of Beijing, Tianjin, Shanghai and Chongqing[J]. Energy, 37(1), pp. 245—254.

[73] Lo, K., 2014. China's Low-carbon City Initiatives: The Implementation Gap and the Limits of the Target Responsibility System[J]. Habitat International, 42, pp. 236—244.

[74] Long, H., Tang, G., Li, X., Heilig, G. K., 2007. Socio-economic Driving Forces of Land-use Change in Kunshan, the Yangtze River Delta Economic Area of China[J]. Journal of Environmental Management, 83(3), pp. 351—364.

[75] Mayor de Blasio. Commits to 80 Percent Reduction of Greenhouse Gas Emissions by 2050, Starting with Sweeping Green Buildings Plan[R]. September 21, 2014.

[76] Mohareb, E. A., Kennedy, C. A., 2014. Scenarios of Technology Adoption towards Low-Carbon Cities[J]. Energy Policy, 66, pp. 685—693.

[77] Musse, M. A., Barona, D. A., Rodrigues, L. M. S., 2018. Urban Environmental Quality Assessment Using Remote Sensing and Census Data[J]. International Journal of Applied Earth Observation and Geoinformation, 71, pp. 95—108.

[78] Nellemann, C., Corcoran, E., Duarte, C. M., Valdes, L., DeYoung, C., Fonseca, L., Grimsditch, G. (Eds), 2009. Blue Carbon. A Rapid Response Accessment[M]. Birkeland: Birkeland Trykkeri AS, Norway.

[79] Ni, D., Zhang, Z., Liu, X., 2019. Benthic Ecological Quality Assessment of the Bohai Sea, China Using Marine Biotic Indices[J]. Marine Pollution Bulletin, 142, pp. 457—464.

[80] Oh, I., Wehrmeyer, W., Mulugetta, Y., 2010. Decomposition Analysis and Mitigation Strategies of CO_2 Emissions from Energy Consumption in South Korea[J]. Energy Policy, 38(1), pp. 364—377.

[81] Olivier, J. G., Peters, J. A., Janssens-Maenhout, G., Wilson, J., 2011. Long-term Trend in Global CO_2 Emissions. 2011 report. [EB/OL]. (2011—3—6). http://edgar. jrc. ec. europa. eu/news_docs/C02 Mondiaal_ webdef_19sept. pdf, 2011

[82] Pamlin, D., Pahlman, S., Weidman, E., 2009. A Five-Step-Plan for A Low Carbon

Urban Development. [EB/OL]. WWF Sweden, Ericsson. En ligne: assets. panda. org/downloads/wwf-ericsson-5-step-plan. pdf

[83] Pani, R. , Mukhopadhyay, U. , 2010. Identifying the Major Players Behind Increasing Global Carbon Dioxide Emissions: A Decomposition Analysis[J]. Environmentalist, 30 (2), pp. 183—205.

[84] Parravicini, V. , Rovere, A. , Vassallo, P. , Micheli, F. , Montefalcone, M. , Morri, C. , Paoli, C. , Albertelli, G. , Fabiano, M. , Bianchi, C. N. , 2012. Understanding Relationships between Conflicting Human Uses and Coastal Ecosystems Status: A Geospatial Modeling Approach[J]. Ecological Indicators, 19, pp. 253—263.

[85] Peters, G. P. , Hertwich, E. G. , 2008. CO_2 Embodied in International Trade with Implications for Global Climate Policy[J]. Environmental Science and Technology, 42 (5), pp. 1401—1407.

[86] Qu, Y. , Liu, Y. , 2017. Evaluating the Low-carbon Development of Urban China[J]. Environment, Development and Sustainability, 19(3), pp. 939—953.

[87] Revesz, R. L. , 1999. Environmental Regulation, Cost-benefit Analysis, and the Discounting of Human Lives[J]. Columbia Law Review, 99(4), pp. 941.

[88] Ritchie, H. ,2014. Mayor de Blasio Commits to 80 Percent Reduction of Greenhouse Gas Emissions by 2050[N]. SB Communications Weekly, 09—25.

[89] Rosas-Ramos,N. , Baños-Picón, L. , Trivellone, V. , Moretti, M. , Tormos, J. , Asís, J. D. , 2019. Ecological Infrastructures across Mediterranean Agroecosystems: Towards an Effective Tool for Evaluating Their Ecological Quality[J]. Agricultural Systems, 173, pp. 355—363.

[90] Ryu, J. , Hong, S. , Chang, W. K. , Khim, J. S. , 2016. Performance Evaluation and Validation of Ecological Indices toward Site-specific Application for Varying Benthic Conditions in Korean Coasts[J]. Science of the Total Environment, 541, pp. 1161—1171.

[91] Sakai, T. , Akiyama, T. , 2005. Quantifying the Spatio-temporal Variability of Net Primary Production of the Understory Species, Sasa Senanensis, Using Multipoint Measuring Techniques[J]. Agricultural and Forest Meteorology, 134(1—4), pp. 60—69.

[92] Seiter, K. , Hensen, C. , Zabel, M. , 2005. Benthic Carbon Mineralization on a Global

Scale[J]. Global Biogeochemical Cycles,19(1), pp. 1—26.

[93] Seto, K. C., Kaufmann, R. K., 2003. Modeling the Drivers of Urban Land Use Change in the Pearl River Delta, China: Integrating Remote Sensing with Socio-Economic Data[J]. Land Economics, 79(1), pp. 106—121.

[94] Shahzad, M., Qu, Y., Ur Rehman, S., Zafar, A. U., Ding, X., Abbas, J., 2020. Impact of Knowledge Absorptive Capacity on Corporate Sustainability with Mediating Role of CSR: Analysis from the Asian Context[J]. Journal of Environmental Planning and Management, 63(2), pp. 148—174.

[95] Shao, S., Yang, L., Yu, M., Yu, M., 2011. Estimation, Characteristics, and Determinants of Energy-related Industrial CO_2 Emissions in Shanghai (China), 1994—2009[J]. Energy Policy, 39(10), pp. 6476—6494.

[96] Sharma, S., Pablo, A. L., Vredenburg, H., 1999. Corporate Environmental Responsiveness Strategies: The Importance of Issue Interpretation and Organizational Context[J]. The Journal of Applied Behavioral Science, 35 (1), pp. 87—108.

[97] Sharma, S., Vredenburg, H., 1998. Proactive Corporate Environmental Strategy and the Development of Competitively Valuable Organizational Capabilities[J]. Strategic Management Journal, 19 (8), pp. 729—753.

[98] Shi, X, Xu, Z., 2018. Environmental Regulation and Firm Exports: Evidence from the Eleventh Five-Year Plan in China [J]. Journal of Environmental Economics and Management, 89, pp. 187—200.

[99] Souza, G. B. G., Vianna, M., 2020. Fish-Based Indices for Assessing Ecological Quality and Biotic Integrity in Transitional Waters: A Systematic Review[J]. Ecological Indicators. 109, pp. 105665. 1—105665. 11.

[100] Su, M., Liang, C., Chen, B., Chen, S., Yang, Z., 2012. Low-carbon Development Patterns: Observations of Typical Chinese Cities[J]. Energies, 5(2), pp. 291—304.

[101] Sun, R., Wu, Z., Chen, B., Yang, C., Qi, D., Fraedrich, K., 2020. Effects of Land-Use Change on Eco-Environmental Quality in Hainan Island, China[J]. Ecological Indicators, 109(10), pp. 57—77.

[102] Tang, P., Yang, S., Shen, J., Fu, S., 2018. Does China's Low-carbon Pilot Programme Really Take Off? Evidence from Land Transfer of Energy-intensive Industry [J]. Energy Policy, 114, pp. 482—491.

[103] The City of New York. Inventory of New York City Greenhouse Gas Emissions September 2010[R]. 2010.

[104] The City of New York. Municipal Energy Conversation Plan [R]. 2008.

[105] The City of New York. NYC Electric Vehicle Adoption Study [R]. 2010.

[106] The City of New York. PlaNYC: A Greener, Greater New York[R]. 2012.

[107] The City of New York. PlaNYC: Green Buildings Plan [R]. 2009.

[108] The Mori Memorial Foundation (MMF) Institute for Urban Strategies. Global Power City Index 2014[R]. Tokyo: The Mori Memorial Foundation (MMF), 2014.

[109] Tian, Y., Jim, C. Y., Wang, H., 2014. Assessing the Landscape and Ecological Quality of Urban Green Spaces in a Compact City[J]. Landscape and Urban Planning, 121, pp. 97—108.

[110] Tie, M., Qin, M., Song, Q., Qi, Y., 2020. Why Does the Behavior of Local Government Leaders in Low-carbon City Pilots Influence Policy Innovation? [J]. Resources, Conservation & Recycling, 152, pp. 1—9.

[111] Torio, D. D., Chmura, G. L., 2013. Assessing Coastal Squeeze of Tidal Wetlands[J]. Jounal of Coastal Research, 29 (5), pp. 1049—1061.

[112] Tunc, G. I., Türüt-Aşık, S., Akbostancı, F., 2009. A Decomposition Analysis of CO_2 Emissions from Energy Use: Turkish Case[J]. Energy Policy, 37(11), pp. 4689—4699.

[113] Waltham, N. J., Sheaves, M., 2015. Expanding Coastal Urban and Industrial Seascape in the Great Barrier Reef World Heritage Area: Critical Need for Coordinated Planning and Policy[J]. Marine Policy, 57, pp. 78—84.

[114] Wang, C., Chen, J., Zou, J., 2005. Decomposition of Energy-related CO_2 Emission in China: 1957—2000[J]. Energy, 30(1), pp. 73—83.

[115] Wang, M., Che, Y., Yang, K., Wang, M., Xiong, L., Huang, Y., 2011. A Local-Scale Low-Carbon Plan Based on the STIRPAT Model and the Scenario Method: The Case of Minhang District, Shanghai, China[J]. Energy Policy, 39(11), pp. 6981—6990.

[116] Waycott, M., Duarte, C. M., Carruthers, T. J. B., Orth, R. J., Dennison, W. C., Olyarnik, S., Calladine, A., Fourqurean, J. W., Jr. Heck, K. L., Hughes, A. R., Kendrick, G. A., Kenworthy, W. J., Short, F. T., Williams, S. W., 2009.

Accelerating Loss of Seagrass across the Global Threatens Coastal Ecosystems[J]. Proceedings of the National Academy of sciences of the USA(PANS), 106(30), pp. 12377—12381.

[117] Wu, J., Kang, Z., Zhang, N., 2017. Carbon Emission Reduction Potentials under Different Polices in Chinese Cities: A Scenario-Based Analysis[J]. Journal of Cleaner Production, 161, pp. 1226—1236.

[118] Wu, J., Ma, C., Tang, K., 2019. The Static and Dynamic Heterogeneity and Determinants of Marginal Abatement Cost of Co_2 Emissions in Chinese Cities[J]. Energy, 178, pp. 685—694.

[119] Wu, Q., Wang, D., Xu, X., Shi, H., Wang, X., 1997. Estamates of CO_2 Emissions in Shanghai(China) in 1990 and 2010[J]. Energy, 22(10), pp. 1015—1017.

[120] Xie, X., Pu, L., 2017. Assessment of Urban Ecosystem Health Based on Matter Element Analysis: A Case Study of 13 Cities in Jiangsu Province, China [J]. International Journal of Environmental Research and Public Health, 14(8), pp: 940.

[121] Xu, M., Weissburg, M., Newell, J. P., Crittenden, J. C., 2012. Developing a Science of Infrastructure Ecology for Sustainable Urban Systems[J]. Environmental Science & Technology, 46, pp: 7928—7929.

[122] Yang, D., Wang, A. X., Zhou, K. Z., Jiang, W., 2019. Environmental Strategy, Institutional Force, and Innovation Capability: A Managerial Cognition Perspective [J]. Journal of Business Ethics, 159(4), pp. 1147—1161.

[123] Yang, J., Zhang, F., Jiang, X., Sun, W., 2015. Strategic Flexibility, Green Management, And Firm Competitiveness in an Emerging Economy[J]. Technological Forecasting and Social Change, 101, pp. 347—356.

[124] Yang, L., Li, Y., 2013. Low-carbon City in China[J]. Sustainable Cities and Society, 9, pp. 62—66.

[125] Ye, H., Hu, X., Ren, Q., Lin, T., Li, X., Zhang, G., Shi, L., 2017. Effect of Urban Micro-climatic Regulation Ability on Public Building Energy Usage Carbon Emission[J]. Energy and Buildings, 154, pp. 553—559.

[126] Ying, X., Zeng, G. M., Chen, G. Q., Tang, L., Wang, K. L., Huang, D. Y., 2007. Combining AHP with GIS in Synthetic Evaluation of Eco-environment Quality — a Case Study of Hunan Province[J]. China, Ecological Modelling, 209(2—4), pp.

97—109.

[127] Yu, L. , 2014. Low Carbon Eco-city: New Approach for Chinese Urbanisation[J]. Habitat International, 44, pp. 102—110.

[128] Yuan, F. , Wu, J. , Li, A. , Rowe, H. , Bai, Y. , Huang, J. , Han, X. , 2015. Spatial Patterns of Soil Nutrients, Plant Diversity, and aboveground Biomass in the Inner Mongolia Grassland: Before and after a Biodiversity Removal Experiment[J]. Landscape Ecology, 30(9), pp. 1737—1750.

[129] Zawadzki, J. , Cieszewski, C. J. , Zasada, M. , Lowe, R. C. , 2005. Applying Geostatistics for Investigations of Forest Ecosystems Using Remote Sensing Imagery[J]. Silva Fennica, 39(4), pp. 599—618.

[130] Zhang, J. , Zhang, Y. , Yang, Z. , Fath, B. D. , Li, S. , 2013. Estimation of Energy-related Carbon Emissions in Beijing and Factor Decomposition Analysis[J]. Ecological Modelling, 252(10), pp. 258—265.

[131] Zhang, L. , Zhou, J. L. , 2016. The Effect of Carbon Reduction Regulations on Contractors' Awareness and Behaviors in China's Building Sector[J]. Journal of Cleaner Production, 113(1), pp. 93—101.

[132] Zhang, M. , Mu, H. , Ning, Y. , Song, Y. , 2009. Decomposition of Energy-related CO_2 Emission over 1991—2006 in China[J]. Ecological Economics, 68(7), pp. 2122 2128.

[133] Zhang, Q. , Crooks, R. , 2012. Toward an Environmentally Sustainable Future: Country Environmental Analysis of the People's Republic of China[M]. Mandaluyong City, Philippines: Asian Development Bank.

[134] Zhang, Y. , Zhang, J. , Yang, Z. , Li, S. , 2011. Regional Differences in the Factors That Influence China's Energy-related Carbon Emissions, and Potential Mitigation Strategies[J]. Energy Policy, 39(12), pp. 7712—7718.

[135] Zhao, M. , Tan, L. , Zhang, W. , Ji, M. , Liu, Y. , Yu, L. , 2010. Decomposing the Influencing Factors of Industrial Carbon Emissions in Shanghai Using the LMDI Method [J]. Energy, 35(6), pp. 2505—2510.

[136] Zhou, N. , He, G. , Christopher, W. , et al. ELITE cities: A Low-carbon Eco-city Evaluation Tool for China[J]. Ecological Indicators, 48, pp. 448—456.

[137] Zhou, S. Y. , Chen, H. , Li, S. C. , 2010. Resources Use and Greenhouse Gas

Emissions in Urban Economy: Ecological Input-output Modeling for Beijing 2002[J]. Communications in Nonlinear Science and Numerical Simulation, 15(10), pp. 3201—3231.

[138] Zhou, Z., Zhang, T., Wen, K., Zeng, H., X., Chen, X., 2018. Carbon Risk, Cost of Debt Financing and the Moderation Effect of Media Attention: Evidence from Chinese Companies Operating in High-Carbon Industries [J]. Business Strategy and the Environment, 27 (8), pp. 1131—1144.

后 记

本书是在国家自然科学基金重点课题(No：71333010)、上海市政府重点课题(No：2016—A—77)、上海市科委重点课题(No：066921082、086921037、08DZ1206200)及上海市政府咨询课题(No：2016—GR—08)(2009—A—14—B)和国家统计局上海调查总队统计重点研究课题(No：21Z970202940)的支持下完成。

由于人为排放的二氧化碳及相关温室气体的增加，地球温度正以前所未有的速度不断上升，危及人类赖以生存的自然环境与生态。转变经济发展方式，采取低碳发展模式将是修复和增强生态功能，提升生态品质的必然选择。我国各级政府十分重视碳排放的控制和生态发展。继党的十八大明确提出生态文明概念并将之纳入"五位一体"的战略体系后，党的十九大报告提出了以新时代、新理念、新定位与新方略为根本，全面建设生态文明的重要思想。其根本目的是控制碳排放，修复和增强生态系统及功能，提升生态品质，满足国民日益增长的对生态品及生态品质的需求。

上海城市总体规划(2017—2035)提出，到2035年将上海"基本建成卓越的全球城市，令人向往的创新之城、人文之城、生态之城，具有世界影响力的社会主义现代化国际大都市"，"要构筑城市生态安全屏障，成为引领国际超大城市绿色、低碳、安全、可持续发展的标杆"。高碳经济给上海直接带来较高的期望产出外，也带来了大量的二氧化碳排放及二氧化硫、氮氧化物、氟化烃等大气污染物，同时伴有大量的污水和固体废物，致使生态系统受到巨大冲击甚至破坏，无法提供合格、足量、满足居民需求的生态品。因此高碳是生态系统功能降低、结构劣化、生态品类别减少的根源。随着人均收入的提高,居民对生态品的需求数量会日趋增加,品质会日趋提高。这需要从根本上提升上海生态系统的功能水平、生态容量、品类结构、美学价值和生态品质。以低碳发展重塑上海乃至诸多城市的生态系统,提升生态品质具有强烈的内在逻辑,具有巨大的可能性和重要的研究价值。

本书写作过程中得到上海交通大学安泰经济与管理学院顾海英教授和史清华教授的大力帮助,在此深表谢意!本书能够出版离不开上海财经大学出版社刘光本博士的鼎力支持,在此深表感谢!本书的出版也得益于上海交通大学安泰经济与管理学院出版基金资助。

由于水平有限,本书中的缺点和错误在所难免,敬请广大读者批评指正。

范纯增

2024 年 1 月